pour le moins

Collection « encre marine »
ISBN : 978-2-35088-017-4

françois dagognet

pour le moins

encre marine

Sommaire

« Le passage du moins au plus est spontané. Le passage du plus au moins est réfléchi, rare – effort contre l'accoutumance et l'apparence de compréhension. »

Paul Valéry,
Introduction à la Méthode de Léonard de Vinci,
Œuvres, Gallimard, La Pléiade, 1957, p. 1171.

Introduction

DANS LE PASSÉ, nous nous sommes intéressé à la matérialité (puisque « matériologue », et non pas « matérialiste »), parce que la matière qu'on repousse enferme en elle de nombreuses potentialités, une profonde organisation. Mais si nous apercevons du quasi-spirituel dans ce matériel, en sens inverse, nous pensons découvrir du matériel dans le spirituel ; nous ne séparons pas ces deux extrêmes, ce que la philosophie n'a que trop rarement uni.

Je donne, d'un mot, un exemple de cette fructueuse liaison : en médecine, on ne saurait diminuer l'importance de la pharmacodynamie, le pouvoir de substances qui travaillent à la guérison du patient. Le thérapeute les prescrit, déjà le seul fait de les recommander les amplifie. En outre, les médicaments aident l'organisme malade à se reprendre et à revenir à l'état antérieur ; nous sommes bien en présence de molécules protectrices du vivant, au pouvoir rayonnant, qui dépassent le plan strictement chimique.

Hier, nous avons consacré des développements aux déchets, aux rebuts, à tout ce qui est éliminé, parce qu'il importe d'éviter ce traitement de facilité ; l'évincé peut continuer à nous enseigner et à nous renseigner sur son riche contenu. N'oublions pas que c'est dans la lie ou les plus noirs dépôts qu'on devait découvrir le principe de la fabrication de nos plus éclatantes couleurs.

Sans plus attendre, nous donnons une illustration, ou plutôt une visualisation de l'heureuse fusion des deux domaines – le physique et le métaphysique. Un artiste a fêté le montage suivant : il rapproche trois récipients d'importance, tous trois contenant une eau inégalement répartie entre eux ; un mince fil de coton les relie ; mais peu à peu, du fait d'une possible aspiration de ce liquide qui passe insensiblement d'un contenant à l'autre, l'artiste pense mettre à nu (c'est ce qu'il vise) une force attractive, et comme si l'eau détenait une énergie aspiratrice – une sourde capillarité, une conductibilité accélérée, la quasi-exigence d'une lente égalisation. En toute hypothèse, la hauteur du liquide – coloré ou non – différera dans les vases communicants, si l'un d'eux, large, est relié à un autre, étroit ; mais, en cas d'équivalence volumique, les trois vases, distants les uns des autres, finissent au même niveau, grâce un intermédiaire particulièrement ténu (le fil), dans la mesure du possible, invisible.

N'a cependant pas été exclu, dans la stratégie créatrice de l'artiste, le passage d'un moins rempli à un autre davantage rempli (moins une métaphysique qu'une antiphysique). Les deux mouvements pourraient alors jouer, surtout si l'on intervient subrepticement pour renforcer l'un, le plus faible de préférence et même si l'expérience s'achève par une eau, à la même hauteur dans les trois contenants, (on a sans doute versé dans le contenant le moins rempli un liquide imperceptible, susceptible d'aspirer l'eau du récipient le plus volumineux ; du moins est-ce une explication). Et si nous continuons à ne pas croire au mouvement qui va du moins au plus, il n'en est pas moins vrai que nous sommes poussé à y consentir, parce que tout se déroule dans l'imperceptible et une extrême lenteur, ce qui rend possible des lectures différentes.

Nous ne pouvons pas ne pas en rapprocher la physique de la « goutte d'eau », enfermée dans un tube effilé[1]. Elle résiste à la pesanteur et met du temps avant d'y céder (la chute). Cette goutte d'eau se situe à l'entrecroisement de trois influences : d'abord l'interface verre-eau, puis la relation eau-air (puisqu'elle se trouve à l'extrémité inférieure du tube), enfin elle est retenue par toutes les molécules qui, en haut, l'entourent ; et il lui faudra même vaincre la résistance de l'air dans lequel elle finira par entrer. Un drame de l'infime se joue ici ; la goutte va vite prendre une forme sphérique – elle diminue sa surface d'exposition ce qui va abaisser la puissance d'adsorption (l'adsorption doit être distinguée de l'absorption) des molécules d'eau qui la retiennent. Mais, comme l'eau a mouillé le verre, il en résulte une gaine adhérente qui accroche la goutte sur ses bords (à la jonction) et alors que cette goutte commence, en son milieu, par céder, d'où la formation d'un ménisque (une portion courbe). L'eau se trouve aussi en contact avec l'air, à sa partie basale, mais il en résulte que la molécule d'en bas n'est pas aussi bien contenue que les molécules du milieu, cernées par leurs semblables de tous les côtés. Bref, nous croyons assister à une micro-bataille, celle d'une goutte d'eau aux prises avec plusieurs facteurs dont elle se détachera, mais avec une extrême lenteur. À la fin, elle oscille d'un rien ce qui pourrait annoncer ou faciliter sa chute.

Le physicien ne s'attarde pas sur ces situations assez déroutantes – des vases qui fonctionnent à l'envers, puisque le « petit » aspirerait le plus rempli, puis un corps (la goutte d'eau) qui ne

1. Pour une analyse plus complète et plus révélatrice, nous renvoyons au médecin-physicien, Jean-Louis Poiseuille – le théoricien de l'écoulement liquidien, comme celui de l'étirement laminaire des fluides visqueux – dans ses *Recherches sur le mouvement des liquides dans les tubes de petits diamètres*, Paris, 1844.

cède que lentement à la pesanteur. Il abandonne à l'artiste ce qualitatif avec son auréole magique, se réservant l'intelligibilité des phénomènes, la quantité (la mesure rectificatrice), les lois et principes. Et le plasticien est ravi d'une pareille division des activités et des domaines ; elle lui permet d'entrer avec passion dans l'univers de la matérialité et de ses prouesses. Notre monde n'a été que trop réduit à la spatialité seule, au « *partes extra partes* » (la séparation, qui cependant s'accorde mal, tant avec le magnétisme qu'avec l'électrique). Il importe de favoriser dès maintenant les accrochages, les emboîtements et les fusions.

Ailleurs – réussite proche des précédentes – un artiste s'en tient à un minimum de couleur, il verse dans de l'eau un sachet de poudre colorée, il lui laisse tout le temps nécessaire à son extension ; il vise à obtenir un complet échelonnement et à sensibiliser aux moindres écarts – une subtile dégradation ; nous allons donc assister à une diminution graduée. Il est possible de provoquer une autre lecture : cette couleur qui disparaît rencontre, à la fin, une autre couleur comme la première, en pleine extension. Est fêté non plus un double évanouissement mais une imperceptible rencontre. Il aurait même été noté que, par exemple, le passage du blanc au noir est moins remarqué que celui du noir au blanc ; le spectacle changerait selon la direction du regard.

Nous ne sommes pas très éloigné du « *dripping* » de Jackson Pollock, attaché à des exploits physiques : la toile ne sert plus ici à reproduire ou à exposer le réel mais à permettre une « sorte de performance », du moins une action.

Si, d'ailleurs, dans ce que nous avons évoqué, un possible passage du moins au plus nous semble plus que discutable, nous n'en avons été pas moins retenu par la dramaturgie de la goutte (d'eau) qui, vouée à la chute, résiste d'abord puis se met à perdre sa forme sphérique pour finir par s'allonger et finalement disparaître dans le support qui l'absorbe. Parfois elle roule lorsqu'elle tombe sur une surface rétive (hydrophobe) mais elle n'évitera pas la disparition qu'elle a seulement retardée à travers son amenuisement. Peut-on imaginer une transformation matérielle plus intense que ce passage liquide et quasi solide ? Nous ne le reconnaissons pas assez, du seul fait qu'il se joue dans le minimal. La petitesse va de pair, pour l'imagination et donc l'évaluation, avec le diminué, alors que nous sommes subjugué par le volumineux, le disproportionné (le sublime kantien, comme on le sait). Le « presque rien » signifie le commencement de la perte, l'inconsistant, appelé à vite disparaître (la fin de goutte d'eau en fournit un bel exemple). N'oublions pas, cependant, que le simple grain de sable peut gêner, voire immobiliser la puissante machine !

Dans notre univers s'impose donc le massif et le compact (le peu de considération pour le brin ou les brindilles, ou le fragment) mais le plasticien (l'homme de l'art) gagnera à s'éloigner de ce standardisé (l'attachement au maximalisé) et à s'ouvrir à l'extrême minceur, bien que celle-ci évoque trop le commencement de la disparition (la mort).

L'art en devient une discipline strictement expérimentale : nous nous écartons, ce faisant, de l'artiste inspiré ou de celui qui se soucie d'immortaliser une scène ou un objet réel, alors que, physicien, il se borne, par son action ou son montage, à mettre en relief les bases d'une matérialité insoupçonnée.

Dans ce livre, nous essayons d'explorer le « moins que rien », ou « le peu », le simple effleurement, ou encore le particulaire, l'univers que nous ne remarquons pas. La référence à la goutte d'eau et à l'étirement annonçait déjà ce programme. Nous demanderons aux artistes de nous aider – l'art minimal plus particulièrement – mais d'abord, nous proposerons trois analyses relatives au domaine philosophique de la minceur – la poussière, l'empreinte, la cendre – ou encore, le corpuscule, la trace, la tache.

Partout, nous notons pour eux un commencement d'évanescence. Un éminent physicien a bien valorisé le mou, voire ce qui adhère – la glu, la colle – ; ici, nous proposons de louer le pulvérisé, l'émietté – un autre territoire délaissé.

À vrai dire, nous posons la question un peu différemment ; nous nous demandons si ces hyper-diminués (le menu, le brumeux, voire l'atmosphérique) ne s'excluent pas d'eux-mêmes d'une possible ontologie, bien qu'*a minima*. Ne sont-ils pas, à la limite proches du fantomal ? Devons-nous, pouvons-nous leur accorder quelque crédit ?

L'ontologie, pour nous, ne cherche qu'à reconnaître les êtres, mais en renonçant à un Être transcendant, auquel les êtres participeraient. Nous ne retenons qu'une appellation restreinte, immédiate et positive. À quoi correspond-elle ? Elle implique au moins trois conditions à satisfaire. Et, avant de les énumérer, mentionnons que notre problème central va consister justement à savoir si un morceau, une ombre, un vestige pourront satisfaire à nos exigences.

Premièrement, il faut que le « prétendant » manifeste une certaine autonomie : il est possible que tout soit dans tout, mais il n'en reste pas moins vrai que l'être (ou ce qui y prétend) doit se détacher et devenir identifiable ; noyé dans l'ensemble et indistinct, il témoignerait par là de son peu de présence ; or, tout être tend et doit tendre à persévérer dans l'être et surtout à préserver son indépendance.

Ce même être, en raison de son énergie, et notamment s'il appartient au monde des vivants, doit veiller en quelque sorte à se reproduire, parce qu'alors il assure sa subsistance. Il se perpétue, telle l'herbe qui, coupée, aussitôt, se met à repousser. Et nous accorderons l'être à tout ce qui, étant détruit, se recommence.

Enfin la signalétique obligatoire de l'être veut qu'il s'exhibe, qu'il s'expose au dehors, là où il se rend visible (adepte des surfaces, nous ne manquerons pas d'appliquer ce critère). Nous ne concevons pas l'être emmuré en lui-même ou rapetissé à l'intérieur de sa coquille. Dans ce dernier cas, au lieu de s'affirmer et de s'afficher, il se retire dans l'ombre ou plutôt la nuit, en dépit de son éventuelle réduction volumique, que nous valorisons quand elle signifie et indique une concentration ; il ne s'en saisit que pour se défendre et échapper à ses agresseurs.

Ces trois critères (une certaine indépendance, la possibilité de se recommencer, enfin une affirmation de soi manifeste) se fondent et célèbrent l'originalité de l'être (malgré sa fragilité), sa ténacité, donc sa maintenance discriminative.

Déjà, le lecteur se demande comment une simple tache ou le plus mince qui frôle la disparition, l'amenuisé peut prétendre entrer dans une ontologie de la robustesse, de la solidité et de la reconnaissance la plus sûre. Ce qui tient de la ténuité et du corpusculaire ne devrait pas pouvoir prendre place dans une ontologie du substantiel. Le problème n'est-il pas réglé dès son énoncé ?

Reste une ultime question. Le lecteur le mieux disposé à me suivre pourrait me demander : « À quoi sert pareil procès, surtout s'il est joué d'avance ? » D'abord, nous tentons d'écrire dans la langue la plus courante, loin du jargon de certains développements philosophiques. Nous tenons à ce que notre thème-programme (un problème si dérisoire ou si limité soit-il) retienne les esprits les moins portés à philosopher. Et pourquoi ce vœu ? Parce que la philosophie doit s'adresser, si possible, à tous et plus particulièrement aux plus démunis. Il s'agit, avec le langage de l'universel, de les entraîner à la réflexion et de les sauver de leur asphyxie culturelle.

Entre parenthèses, dans un passé récent, nous avons justement composé un manuel assez concis, ainsi qu'une Introduction élémentaire à la philosophie, afin d'enrôler les plus réfractaires. Mais, dès que la philosophie entre dans l'ésotérisme ou les complications sophistiques, cesse le philosopher ; on transforme la philosophie en un exercice de supériorité et de sectarisme.

Il est d'autres déviations que nous mentionnons, chemin faisant. Selon l'une d'entre elles, la philosophie s'emprisonne elle-même dans une histoire érudite de la philosophie et alors que les vrais maîtres de cette discipline ne suivent pas un tel mouvement, ils entrevoient de vastes ensembles et, de plus, s'inquiètent de la méthode qui convient à cette discipline, qu'ils arrachent à l'historicisme ainsi qu'à la seule unité d'un auteur.

Il est une autre déviation concernant le champ philosophique : certains croient devoir coïncider avec la science en cours et travailler à en répandre les résultats. Au passage, il leur arrive de compliquer le savoir, mais surtout, qu'ils le veuillent ou non, ils ne relatent que la science d'hier, non la plus actuelle car il n'est pas possible de l'accompagner, tant elle évolue elle-même ; ils n'évitent pas le retard qu'ils voulaient combler.

Nous ne souhaitons qu'une épistémologie, sensible aux méthodes et aux procédures démonstratives, mieux encore, une philosophie de la science, en ce sens que, grâce à certaines avancées du savoir, elle pourrait bénéficier d'un rajeunissement catégoriel. Il ne s'agit pas de redire la science mais seulement de s'inspirer de ses révolutions pour entraîner une métaphysique qui demande quelques lumières à la physique.

D'autres philosophes, plus sûrs d'eux-mêmes, vont plus loin ; ils transforment les énoncés philosophiques en des propositions logiques qu'ils soumettent à l'analyse et dont ils explicitent les fondements. En l'occurrence, la philosophie se transformerait en science.

Nous insistons sur ces déviations savantes, d'autant plus que nous nous appuierons, par la suite, sur des techno-sciences des plus pauvres ; elles relèvent d'un empirisme misérable mais puisqu'elles servent notre cause (au profit du diminué et du plus mince) nous ne pouvions pas ignorer leur concours. Citons au moins la micrométrie, l'ichnologie, la tracéologie et même la paléontologie.

Mais le « À quoi cela sert-il ? » revient. Il nous semble qu'une des obligations de la philosophie devrait consister à comprendre le monde et à nous y attacher. Il importe de l'explorer dans sa diversité et surtout de le soustraire à ceux qui le diminuent ou le confisquent à leur seul profit ; et ils ne savent que l'exploiter. Parallèlement, il convient que nous nous détournions d'un narcissisme satisfait par lui-même et envahissant – l'auto-repliement sur soi, alors que la pensée ne se développe qu'au contact de l'extériorité ; et elle doit même apprendre à descendre la pente en direction de l'ultra-mince et de l'ordinaire, en vue d'une ontologie de la minimalité (le tout-venant des miettes, des débris ou des restes).

Il convient donc d'habituer les jeunes esprits à ne rien exclure ni dédaigner, car, au départ, ils ne retiennent guère les disciplines qui prennent en compte les ombres, les poussières, les fumées, les moindres grains, les taches, mais nous appliquons déjà le principe selon lequel, dès que deux objets viennent au contact l'un de l'autre, nous n'éviterons pas le transfert de l'un sur l'autre, en petite ou en grande quantité, et facilement décelable. La rencontre laisse donc une marque, nous nous en tenons trop à la perception du volumineux, nous rétrécissons notre champ d'observation, alors que le plus déterminant se situe dans le plus diminué ; depuis plus d'un siècle la physico-chimie a trouvé sa lumière explicative dans l'atome – un monde à lui seul – tandis que la biologie repérait l'essentiel dans la cellule et même son noyau, voire dans la bactérie ou le virus.

Notre problème « À quoi cela sert-il ? » veut aussi que nous recherchions parallèlement le décisif, ce qui pourra entrer dans notre ontologie hiérarchisée, et parfois sur ses bords seulement, si toutefois il faut l'y admettre. Le reflet de la chose semble exclu, tant il manque de consistance, d'autonomie ; et il se borne à une duplication strictement mécanique. D'ailleurs la chose elle-même ne semble pas mériter une élection, parce que reproduite machinalement ; elle ne se définit que par l'usage et une usure rapide.

La simple « facticité » ne semble pas dépasser l'ustensilaire. Mais est-ce bien la réponse qui s'impose[1] ?

Nous en profitons pour éventuellement élargir notre spectre objetologique ; nous l'avons déjà ouvert pour y inclure « les choses-non choses », selon la recommandation de Hegel, dans ses *Principes de la philosophie du droit*[2], puisque les messes, prières, bénédictions de choses saintes sont (en partie) assimilées à des choses destinées à être vendues et achetées. Dans le passé encore, nous y avons donné place aux « *détritus, déchets, l'abject* » (1997).

Déjà l'objet se caractérise comme ce dans quoi l'esprit ingénieux s'inscrit et qu'il façonne ; il se dépose en lui ; c'est d'ailleurs pourquoi il ne cesse d'évoluer et de se transformer. Une remarque ici ne manque jamais : lorsque les outils ou les engins ne peuvent plus fonctionner, pourquoi les maintenir dans une classification quasi élitiste ? Mais, à ce moment-là (l'inutilisable), ils sont débarrassés de leur rôle qui les absorbait ; ils entrent alors dans la plénitude de leur structure propre. Loin de descendre, nous nous élevons à quelques éléments de leur essence.

Nous veillerons à ce que notre taxinomie ne se referme pas trop vite sur elle, qu'elle ne se durcisse pas. Raison supplémentaire pour s'interroger et savoir si notre ultra-mince – les miettes, le pulvérisé, les vestiges – pourra se loger sur notre échelle des êtres.

1. Voir Annexe de l'introduction, p. 25-26.
2. Hegel, *Principes de la philosophie du droit*, Vrin, trad. Derathé et Frisck, 1975, p. 101.

Annexe

Notre projet ne prétend pas à l'originalité ; nous pensons qu'il sera mieux défini si nous le tenons simplement pour « rarement entrepris ». Il n'a guère tenté les philosophes.

Quelques-uns l'ont cependant envisagé. Ainsi, je lis dans Peter Sloterdijk[1] des remarques qui recoupent les nôtres.

« Le petit et le fugitif se sont assuré une part de la vue de la grande théorie d'une science des traces qui voulait lire dans les indices les plus insignifiants les signes annonçant les tendances de l'histoire du monde. Au-delà du tournant "micrologique", il faudrait parler d'une découverte de l'indéterminé grâce à laquelle le non-néant, le presque rien et l'informe ont trouvé un accès à l'espace des réalités susceptibles d'être théorisées[2]. »

L'auteur y ajoute des références : Ernst Bloch, *Traces*, Gallimard, 1988 – ainsi que Yves-Alain Bois et Rosalind Kraus, *L'Informe. Mode d'emploi*, Éditions du Centre Pompidou, 1996.

1. Peter Sloterdijk, *Écumes*, *Sphères III*, trad. par O. Mannoni, 2005, Maren Sell Éditeurs.
2. *Ibid.*, p. 30-31.

Le combat est carrément livré contre la grande ombre de la pensée de la substance ; il est encore précisé que « le mépris du non-substantiel marque jusqu'à une date toute récente les découvertes thématiques d'une philosophie scolarisée, où de très anciennes inerties continuent à agir »[1].

Alors que certains croient discerner du « non-être » dans le minime qui décroît, ils continuent à juger et même à observer à l'aide des catégories qui privilégient le volume et le dimensionnel. Ils voient dans l'infime une disparition, un évanouissement.

Cet infime s'est plutôt délesté de sa lourdeur en lui, ainsi que de la ténacité de ce qui l'enveloppe (la carapace qui devait le protéger). La matière s'est si bien amenuisée que le spirituel commence à se lever en elle.

Qu'on songe seulement à la trace sur laquelle nous reviendrons ; il ne subsiste en elle, dans son extrême minceur, que la preuve d'un contact passager, celui d'un corps qui a été marqué par un autre corps ; de ce fait, elle échappe à « l'être-là », inerte et pesant.

De son côté, l'ombre, née de la légèreté de l'être, autorise les plus audacieuses anamorphoses : pour un rien, elle se déplace, elle change de dimension, elle disparaît et puis revient. Avec un peu de lumière dans l'obscurité, et grâce à notre jeu des mains, elle prend la forme des choses qui nous entourent (le bestiaire de l'extrême fragilité).

La photographie illustre l'opération magique comparable (la fête de l'empreinte) ; avec elle, nous saisissons « la chose sans la chose ». Nous parvenons à capter le plus significatif, nous ne retenons – c'est le moment de le souligner – que le pelliculaire.

Trace, ombre, empreinte, toutes trois, loin de descendre dans le puits noir de l'absence, nous révèlent de l'immatériel et de la lumière qui éclairent la matière. La science elle-même gagnera à pratiquer l'examen micrologique.

1. Peter Sloterdijk, *Écumes*, *Sphères III*, *op. cit.*, p. 32.

Le texte de Sloterdijk ajoute à la panoplie du « moins » et du « peu » l'écume ; il entend même fonder une aphrologie (du grec *aphros*, l'écume) qui regrouperait tout ce qui est affecté de ténuité. En somme, il complète heureusement notre spectre, puisque nous n'avons pas su enrôler le frêle ou l'extrêmement vaporeux, proche de l'aérien. Ce dernier mérite une place de choix dans notre ensemble, tant il unit « l'être » et « le non-être » – un « non-être » présent sous la forme d'une faible consistance et d'une possible disparition – toujours à l'opposé du préjugé substantialiste.

Chapitre I

Éloge de la poussière

NOUS COMMENÇONS notre exploration descriptive par l'examen de la poussière, ainsi que celle de la cendre ; nous pouvions difficilement trouver « substance » plus diminuée et plus inconsistante. La question se pose de savoir si elle peut relever encore d'une ontologie, dont nous avons fixé les conditions – ou s'il faut la reléguer dans la classe des déchets (les miettes du réel, une poudre insaisissable). Plus généralement quel statut réserver à cet existant impalpable ?

Nous cherchons surtout à identifier la frontière qui sépare le réel de ce qui appartient à la catégorie du « presque rien ». C'est bien une tâche de la philosophie générale que de reconnaître l'échelonnement, riche de conséquences, qui va du sommet (le plus complet) au plus bas (le pulvérisé, ce que nous localisons partout et nulle part).

Qu'est-ce qui, dès le départ, dévalue ces micro-parcelles ? D'abord, elles sont nées soit de la simple usure des substances, soumises aux chocs de l'eau et du vent, soit des opérations transformatrices, grâce auxquelles les matériaux sont aplanis ou creusés ou amincis. Et les résidus (brins, lamelles, particules) remplissent les atmosphères : Francis Ponge a reconnu le fait des « boues de l'air », dues à leur accumulation. Et rien ne résistera à l'émiettement. Bossuet, déjà, reprenait l'enseignement des Écritures et nous annonçait que nos os eux-mêmes tomberaient en poussière, bien qu'enfermés dans un cercueil qui devait les soustraire aux éléments extérieurs qui les brisaient ; il apportait la preuve que le plus solide contient en lui ce qui le dispersera ; le principe de la nécessaire réduction gît à l'intérieur des substances.

Il est vrai que certains, hostiles à l'idée d'une seconde mort (seconde car elle s'attaque non plus au vivant mais au squelette qui résiste) interprètent autrement le « Tu es poussière et tu retourneras en poussière » de la Bible (chapitre II de la *Genèse*). Selon eux, nous serions issus d'une sorte de poudroiement génératif, nous serions les bénéficiaires de ce limon fertile ; et, moment de la mort, nous restituerions ce que nous avons reçu. La formule reconnaîtrait à la poussière le commencement et la fin, ce qui l'élève au plus haut rang ; elle rendrait compte du plein comme du vide ; elle se situe aux deux extrémités, ce qui assure sa souveraineté. Mais l'*Ancien Testament* ne laisse pourtant aucun doute : il s'agit là d'une malédiction. Le serpent, qui devait tromper Adam et Ève, sera châtié en ces termes : « Sur ton ventre tu marcheras et tu mangeras de la poussière toute ta vie. »

Sans aller si loin, cette poudre grise nous menace directement, parce que, en raison de sa ténuité, elle pénètre en nous, sans que nous puissions nous y opposer ; les bronches et surtout les plus petites bronchioles ne peuvent pas l'arrêter, ce qui nous vaudra la maladie incurable et donc la mort (les grains de silice, de plomb et d'amiante s'en chargent inéluctablement). Et du simple fait de leur abondance, ces corpuscules infimes vont jusqu'à transformer, selon Francis Ponge, le jour en nuit : la civilisation industrielle les a d'ailleurs multipliés (les fumées, suies et autres scories gazeuses).

Après les hommes, ils altèrent et salissent les choses : ils recouvrent tout ce qui les arrête momentanément (la sédimentation), à tel point qu'ils enlèvent leur luisance aux surfaces qu'ils recouvrent. Et rien n'échappe à leur insinuation, plus particulièrement les lieux inaccessibles. On ne les en délogera pas facilement.

D'où vient la guerre à ces particules sans défense, à tel point qu'il faut nettoyer, essuyer et épousseter sans relâche ? Pourquoi cet acharnement de la maîtresse du logis, d'autant plus surprenant qu'elle ne peut rien contre eux ? Elle ne peut que les déplacer ; il faut toujours reprendre l'offensive mais ils échappent à cette violence lustrative. Il nous semble que cette lutte est motivée par l'attachement au neuf, au brillant, à l'immaculé ; on conçoit d'ailleurs une pareille vengeance contre un envahisseur sournois et redoutable ; en outre, ces particules partout répandues signent le délaissement, le manque de soins, l'abandon ; la poussière ne manque pas d'équivaloir au sale et au malpropre, ce qu'on n'entretient pas ; enfin et surtout, elle symbolise le mortuaire : née de la démolition, elle ensevelit à sa façon tout ce qu'elle recouvre.

Il nous semble qu'avec ces multiples atomes nous soyons mis en présence du « quasi-rien », du « moins-être », tant il est vrai qu'ils ne revêtent aucune forme et ne se manifestent qu'à travers la décomposition. Nous ne pouvons les deviner qu'entassés, aucun d'eux ne pouvant relever d'une possible observation. Tous courent encore à leur perte (la division) et ne résistent pas. Lucrèce y insiste : « Les rochers suspendus au-dessus de la mer, sans cesse rongés par le sel des eaux, font à tout instant des pertes que nous ne voyons pas[1]. »

1. Lucrèce, *De la Nature*, éd. GF, traduction H. Clouard, 1964, p. 27.

Nous ne perdons pas de vue notre problème, qui se complique du fait que nous nous trouvons devant l'extrême dénuement : quel statut réserver à de tels micro-fragments ? Pourrons-nous trouver une place pour le « presque rien » sur l'échelle des êtres ? Les miettes, bien que proches, ne mériteront pas cette dévalorisation (« il n'en perd pas une miette » veut bien dire à quel point nous les apprécions) : bien que réduites à l'état de parcelles, elles enferment encore des bribes de l'essentiel, alors que la poussière, d'une part, renvoie au mortuaire et que, d'autre part, elle a poussé le plus loin possible la décomposition ; elle entre même dans la quasi-extinction ; elle semble dépasser la frontière qui sépare le « ce qui est » de « ce qui n'est pas ou n'est plus ». Nous ne pouvons même pas prévoir pour elle un cycle de recyclage dans l'univers de la refabrication (l'habituel rachat des débris) ; elle représente le néant en train d'avancer.

Lucrèce, qui a reconnu l'importance des particules – les semences de notre monde – les a même fêtées à sa manière, parce qu'il les tient pour les opérateurs de l'Univers, les dieux ne s'en préoccupant pas. Mais nous aidera-t-il à suspendre le procès en vue d'une dépréciation qui devrait nous empêcher d'introduire la poussière mortifère dans notre ontologie particulière ?

Nous lui empruntons le rappel de deux opérations qui concernent ces corpuscules et que nous utilisons librement ; deux lois président à leurs vertigineux mouvements. Selon la première, « le même » ne manque pas de s'agréger au même ou à un proche, du fait des faciles encastrements, des crochets et agrafages variés. Cet accord surfacial nous vaut alors une molécule impénétrable. « L'eau s'unit à l'eau, écrit Lucrèce, la terre à la terre, le feu accroît le feu, l'éther accroît l'éther jusqu'à ce que tous les êtres aient été conduits [...] au dernier terme de leur croissance et de leur achèvement[1]. » Mais, du fait de cette augmentation et consolidation

1. Lucrèce, *De la Nature*, éd., *op. cit.*, p. 81.

du volume, le corps ainsi formé n'en est que plus offert aux chocs qui vont le briser (les pertes en résulteront). En outre, en raison de ces accointances et de la fermeture qui en résulte, ils seront privés de ce qui aurait pu les renouveler. Aucun doute, nous allons, en dépit de l'addition du « même » au « même », vers une dispersion accélérée. « Et même les murailles du vaste monde, succombant aux assauts du temps, ne laisseront plus que décombres et poussière de ruines[1]. » S'il s'agit d'un être vivant, attendons-nous au pire, parce que la nourriture indispensable ne pourra pas entrer en lui ; il en périra nécessairement, victime de l'enfermement inter-atomique.

Nous avons évoqué une seconde loi génératrice des corps : les micro-particules ne s'accordent plus vraiment ; bien que rapprochées, elles laissent entre elles de légers écarts. Elles peuvent alors bénéficier d'entrées en elles, mais nous devrons payer le prix de cette invasion : la contamination, l'intoxication ; et surtout elles connaîtront, du fait du manque de cohésion, une rapide fragmentation.

Dans les deux cas – ou bien la compacité, ou bien la porosité – avec ces corpuscules et leurs associations, prend fin la possible et véritable union, « la belle totalité ». Le multiple l'emporte, ainsi que la prolifération anarchique d'un minuscule dissocié, ce qui entraîne d'ailleurs sa fragilité.

Dans ces conditions, nous ne saurions leur ouvrir les portes de l'ontologie *a minima* puisque nous avons refusé à cette poudre les attributs de l'être – la solidité, l'unité individualisante, la plénitude. Ces corps disséminables, incertains et particulièrement ténus appartiennent à la fois au monde des solides et non moins à celui des liquides, puisqu'ils glissent les uns sur les autres (dans le sablier, ils coulent). Ils mêlent les deux registres, ce qui les rend insituables et même instables. Ils irréalisent les catégories les plus

1. Lucrèce, *De la Nature*, *op. cit.*, p. 81.

élémentaires – autre raison de leur défaveur. Le langage ne s'y trompe pas ; nous entendons cette formule : « Ceci m'a coûté tant et des poussières. » Cette expression indique que la monnaie – une micro-pluralité comparable à la fumée – ne compte pas.

L'atome, c'est-à-dire l'insécable semble cependant s'imposer, puisqu'il se caractérise comme le non-fractionnable (l'indivis). Il frapperait par son unité ainsi que sa fermeté. Mais, si nous ne pouvons pas le démolir, c'est moins parce qu'il s'oppose au sectionnement que parce que son extrême petitesse le met à l'abri. Nous ne l'atteignons pas directement ; le fait que nous ne puissions le modifier ne plaide pas en sa faveur et souligne seulement les limites de notre appréhension comme de notre connaissance.

Nous ne participerons pas cependant à la curée – la dévaluation du minime ; nous nous proposons de tirer la poussière de sa géhenne. Entrera-t-elle dans notre sanctuaire ontologique ? Le moins que nous puissions espérer consisterait à la disposer sur sa lisière.

Ce qui a nui, dès le départ, à cet hyper-floconneux – la neige grise partout répandue (il suffit d'un rayon de soleil pour en révéler la densité) – vient de ce que nous apprécions les corps à travers nos propres dimensions – un vieux reste d'anthropomorphisme, l'homme étant alors la mesure de toute chose. L'immense se contentera toutefois de sidérer, sans entraîner l'opprobre, mais le minuscule, qui résulte de ce qui a été brisé ou de ce qui se délite, suscite le mépris et le rejet (les scories). Ces particules invisibles ne peuvent même pas se prévaloir d'un lieu définitif ; elles tournoient de tous côtés, elles circulent sans cesse – une volatilité qui prouve l'instabilité.

Il est vrai que l'atomisme de Lucrèce ne nous aidera guère dans notre plaidoyer parce que sa théorie corpusculaire (librement interprétée) ne soutient qu'un atomisme particulièrement exsangue, sans tenir encore compte du fait que Lucrèce oscille entre l'éloge de sa cosmogonie et sa dévaluation ; une partie de son optimisme, tout relatif, vient de ce que le philosophe, s'il croit à la disparition de notre Univers, pense aussi qu'il renaîtra.

Lucrèce n'a retenu de l'atome que sa petitesse, ainsi que sa morphologie (ronde, crochu, lisse, saillant, anguleux, etc.). Il soutient aussi que ces formes ne peuvent pas trop varier. Avec ces menus grains, ce qui devrait légitimement compter, c'est moins la réduction volumique que ce qui est enfermé dans de si étroites dimensions. Avec Lucrèce, l'extrême diminution – fruit de la désagrégation – prend le dessus et loin que ces fragments volatiles expliquent, du fait de leur contenu, leurs propriétés, c'est l'inverse qui fonctionne. Si un corpuscule est acide, il irrite celui qui l'éprouve et Lucrèce le couvre de pointes.

Loin que le fragment minuscule explique par lui-même, du fait de sa constitution, ses possibilités (y compris les organoleptiques), ce sont celles-ci qu'on répercute sur ce corps récepteur, en quoi le philosophe du *De Natura* rabaisse la théorie particulaire, rivée à quelques données sensorielles.

Nous reprochons aux « atomistes » la tiédeur de leur conviction et l'insuffisance de leurs analyses mais comment aller plus loin, jusqu'à accorder créance et énergie à une nuée de grains – des résidus qui viennent de l'écorchure des corps ?

Avant que nous examinions ce que ces particules contiennent, nous les créditons d'un triple exploit matériel : d'abord, elles réunissent les quatre principes cosmologiques que les Anciens mettaient à l'origine de notre monde ; elles s'identifient à la fois à l'eau, à la terre, à l'air et au feu ; elles s'inspirent, dans leur fonctionnement, des quatre bases génératrices. Comment les rapprocher de l'eau ? Nous l'avons déjà mentionné, la petitesse et la rondeur de certains atomes leur permettent de glisser les uns sur les autres ; le sablier indique l'écoulement du temps. Pour ce qui est de la proximité avec la terre cela va de soi. À l'air aussi, ils empruntent ; ils l'occupent et s'identifient à lui (la fumée s'élève) ; ils flottent. Le feu nous vaudra les cendres, sur lesquelles nous reviendrons. Les fondements de notre univers se rencontrent dans l'infime qui, à sa manière, condense les procédures de l'origine. Lucrèce soutiendra, avec preuves à l'appui, que grâce à leur légèreté et à leur volatilité, les atomes rendent compte de l'âme ; il n'est donc rien qui puisse échapper à ces corpuscules ; ils commandent aussi bien au psychique qu'au physique. Ils correspondent aux fondements de notre monde.

Autre prouesse, comme la minceur rend propice aux déplacements, la poussière ne cessera pas de circuler à la différence d'une matérialité immobilisée, soumise à son volume et donc à sa lourdeur. Devant le moindre obstacle, elle est arrêtée mais cette accumulation disparaît au moindre souffle. La poussière participe à une métamorphose incessante. La dune de sable en fournit la meilleure illustration : nous assistons à un ballet, l'alternance d'une présence (un monticule) et de son effacement rapide ; nous y sommes d'autant plus sensibles que nous vivons dans un monde trop arrêté et à jamais stabilisé. Allons-nous trop loin dans notre tentative de réévaluation du particulaire ? Mais G. Bachelard intitula le chapitre I de son ouvrage *Les Intuitions atomistiques*, « La métaphysique de la poussière » ; nous ne pouvions pas espérer un titre aussi suggestif ni aussi capiteux.

Autre et troisième prouesse : le corpusculaire nous propose ce que rien ne pouvait nous offrir de comparable, la figure prometteuse des tourbillons. Le linéaire ne convient pas, tant il suppose un but avec lequel il s'achève. Il court à sa perte. L'immobilisme s'accorde encore moins avec lui, parce qu'il correspond à une sorte de résignation. Le fait de tourner frénétiquement, sans qu'il faille une dépense énergétique d'importance, symbolise l'affranchissement, en même temps qu'il assure la perpétuation, car son mouvement à peine achevé, il le recommence, il ne semble pas connaître la fatigue ni un quelconque épuisement.

Ajoutons à notre argumentaire une remarque de vocabulaire : nous devons noter que, partout, on tient les misérables brins de poussière pour le résultat des entrechocs et des éraflures des corps ; ils sont donc comme imprégnés par l'idée de démolition. En réalité, n'est attaqué que l'hétérogène et particulièrement le mixte sans possible défense ; il libère des unités si tenaces que nous ne pouvons plus les diviser (les insécables). Il faut inverser les termes : la dispersion ne touche que les ensembles friables ; les atomes conservent leur unité (minimale). Cessons de voir dans les menues particules le démoli lui-même.

C'est dans les livres des chimistes et des apothicaires que nous trouvons de quoi soutenir et étoffer notre éloge de la poussière (ils écriront souvent « poudre », pour éviter un mot à la connotation noire ou grise), tant les uns et les autres ont pratiqué, expérimenté et privilégié l'opération de pulvérisation ; ils ont eu recours au feu et au mortier dans lequel ils ont trituré les composés mais aussi les simples. Une substance intacte et surtout compacte manque, selon eux, d'efficacité ; en effet, ce qui la caractérise, outre l'imperméabilité, vient de ce qu'elle tend à adopter une forme sphérique, parce qu'ainsi, elle s'enferme sur elle-même et offre le moins de contact à ses proches. Le pilonnage s'emploiera à la déplier, à l'étaler, à la casser en mille grains ; devrait en résulter l'intensification de la force d'attraction, voire celle de fixation.

Dans sa *Pharmacopée universelle et raisonnée*, Quincy ajoute un effet propre à la pulvérisation bénéfique : « C'est la légèreté de cette sorte de matière qui, par des raisons manifestes, s'élève et prend le dessus lorsqu'elle peut s'échapper ; c'est donc la légèreté qui fait que les substances dans lesquelles elle abonde le plus sont les plus sujettes à un mouvement intestin, et lorsqu'elle vient à s'échapper, elle laisse ces substances dans cet état que l'on appelle corruption ou putréfaction[1]. »

1. Quincy, *Pharmacopée universelle et raisonnée*, 1749, Paris, trad. de Clausier, p. 67.

La pulvérisation, en conséquence, nous vaudrait deux résultats : non seulement la substance concassée augmente son pouvoir d'accrochage (tablons sur plus de contact avec les proches) mais elle libère l'esprit qu'elle détenait dans ses mailles ; d'ailleurs l'apothicaire nous demande de nous munir d'un récipient en vue de recueillir « l'âme » de la chose ; et l'état corpusculaire auquel nous sommes parvenus nous assure que nous avons atteint le cœur de la substance ; et rien ne résistera à cette préparation libératrice (la calcination, la solubilisation, l'essentialisation, un fractionnement qui va jusqu'à sa limite).

Le caillou lui-même en sera transformé : « Cette opération, écrit Nicolas Lémery – le défenseur des poudres, farines et divers granulats – enseigne « le moyen d'ouvrir les cailloux, en sorte qu'on les puisse mettre facilement en poudre »[1] ; et nous en retirerons de nombreux bienfaits qui enrichiront la Pharmacopée – une teinture, des sels, une liqueur, etc. Au passage, signalons que Lémery s'attarde, dans sa Pharmacopée, sur un médicament voisin, l'huile de briques. Et il ajoute : « Les Anciens Chimistes ont donné l'épithète de philosophique à toutes les préparations où ils ont fait entrer la brique… Ils ont cru qu'ils devaient faire rejaillir les influences de ce beau nom jusque sur les briques, à cause qu'elles servent de matériaux pour construire les fourneaux avec lesquels ils travaillent ce qu'ils appellent le grand Œuvre ou la pierre philosophale, car ils prétendent que, par ce travail, ils atteindront à la véritable philosophie[2]. » Nous doutons d'une pareille interprétation ; n'excluons pas que l'appellation de philosophique cherche à mentionner que nous travaillons sur les deux extrêmes de la matérialité, d'un côté, la pierre ou la brique (le plus indécomposable), de l'autre côté, une nuée de particules vaporisées.

Mais notre problème, qui en résulte, subsiste plus que jamais : où situer, dans notre Monadologie, ces êtres particulièrement

1. Nicolas Lémery, *Cours de Chimie*, Paris, 3e éd., 1690, § Calcination des cailloux, p. 331.
2. *Ibid.*, § Huile de briques, p. 337-338.

pauvres (le caillou notamment) et qui, en plus, ont subi l'écrasement ? Ils en deviennent imperceptibles. Nous avons posé trois conditions afin de pouvoir les accueillir :

a) il faut que le corps, bien que matériel, soit individualisable, qu'il renonce à l'accessoire, au fatras du contingent qui pourrait le recouvrir et tout fausser ;

b) nous demandions que ce qui aspire à l'« être » résiste et impose sa présence (d'où la robustesse, la maintenance) ;

c) enfin, nous comptions sur la violence de la sexualité et de ses équivalents, afin d'assurer la perpétuation, tout ce qui s'oppose à la diminution et à l'effacement.

Avant de répondre à la question – quel emplacement pour le faiblement ontologisable ? – nous nous inspirons de Leibniz qui devait renouveler le problème ; lui-même s'inspire d'Aristote qui déjà préconisait une hiérarchie des substances, mais Leibniz allait moderniser là réponse – une tâche d'autant plus urgente et ardue qu'il ne comptait qu'un seul être plus ou moins développé. « Vouloir renfermer dans l'homme presque seul la véritable unité ou substance, c'est être aussi borné en métaphysique que l'étaient en physique ceux qui enfermaient le monde dans une boule. » Végétaux, animaux, homme, il nous faut admettre pour eux un fondement unitaire. « Le bloc de marbre est un tas d'une infinité de corps vivants comme un lac plein de poissons » et la *Monadologie* y revient : « Il n'y a rien d'inculte, de stérile, de mort dans l'univers... Quoique l'eau interceptée entre les poissons de l'étang ne soit point poisson, il en contient pourtant encore, mais le plus souvent d'une subtilité à nous imperceptible » (§ 68). Pareillement, la plante n'est qu'un animal imparfait. Le philosophe ira jusqu'à récuser la possibilité d'une mort, comme celle d'une naissance ou d'une génération.

Un tel panvitalisme touche particulièrement la poussière comme tout le microscopique qui abrite des flores et des faunes entières. Le moindre grain, à sa manière, contient, lui aussi, tout l'univers ; il participe à une complétude qui le solennise et le répand (le meilleur des mondes, le plus riche et le plus expressif).

Si nous nous mettions à l'école de Leibniz, serait vite réglé le problème que nous traitons : la moindre parcelle, même minérale, prend place sur l'échelle des êtres. Mais peut-on, de nos jours, revenir à cette philosophie ? Déjà, sans en appeler aux Classiques, nous sommes obligé de reconnaître dans la poussière irritante, aussi minuscule qu'insaisissable, parfois vide, de simples coques et des corpuscules plus ou moins complets, d'autres particules car les vivants ne cessent pas de rejeter des cellules d'eux-mêmes, tant ils se renouvellent (des poils, des squames, des germes, etc.).

Tous les brins qui voltigent n'incluent pas en eux des résidus ou des agents de la vie, mais aucune atmosphère n'en est dépourvue : elle enferme de l'humain (des cellules), de l'animal (les acariens notamment) et du végétal (un nuage poudreux).

Arrivons-en à l'argument le plus renversant, car nous sommes mis en présence d'une situation sans pareille, qui devrait enflammer la philosophie : le végétal de la plus haute taille se résume lui-même et intégralement dans une sorte de granule qui échappe aux limites du temps et de l'espace :

a) En quoi réside la victoire sur l'espace ? Mais alors que l'arbre est fixé au sol, sa semence, du fait de sa légèreté (parfois aussi, munie d'une aile) et de son détachement de la plante qui la portait, peut se loger au loin, à des kilomètres de son lieu d'origine.

b) Elle parvient à vaincre le temps, puisqu'elle peut demeurer inchangée des milliers d'années. Elle se transforme même en horloge stratigraphique, puisqu'elle permet d'identifier les couches sédimentaires qui l'ont conservée. Bien qu'apparemment fragile, cette poussière fécondante échappe à ses ennemis : sa simple abondance – un gaspillage inouï – aidera à la victoire (la fécondation et la transformation de l'ovule). Elle ne cède pas à ses nombreux agents destructeurs : ainsi, immergée dans l'eau, elle subsiste.

D'ailleurs le moindre pollen qu'étudie la palynologie a mis en évidence que ce grain fructifère s'était entouré d'une double enveloppe protectrice (l'externe, l'exine, cutinisée, et l'interne, l'intine, cellulosique – d'où une sorte de sanctuarisation) ; de plus, il contient deux noyaux, l'un pour la reproduction et l'autre, le végétatif, qui servira de réserve à ce qui est appelé à demeurer dans la quiescence, à ce qui permettra l'auto-suffisance.

Mais pourquoi cette pollinisation ? Pourquoi ce drame végétal de la fructification ?

Préalablement, si l'on voulait contester notre analyse et en amoindrir la portée (l'éloge d'une poussière fécondante) – on insisterait sur le fait que toute cellule, animale ou végétale, dispose, à l'intérieur de son noyau, de son résumé chromosomial, grâce à un codage que le biologiste est parvenu à décrypter (quatre lettres et un arrangement séquentiel). Le pollen obéit à cette règle (un langage universel) ; on ne verra pas là une raison de s'extasier. Mais nous maintenons notre thèse, parce que, en la circonstance, la cellule reproductrice ne tient plus à sa souche ; libérée de toute attache, elle continue à vivre et surtout à voyager. N'est-ce pas une émancipation, en vue d'une fécondation élargie, le couplage avec le lointain : le végétal évite particulièrement la fructification de soi par soi, alors qu'étamines et pistil se trouvent proches.

Ajoutons encore, ce qui atténue à nouveau nos remarques, l'existence de nombreuses plantes sans racines, ni tiges, ni feuilles, ni fleurs ; elles échapperaient à nos conclusions ; elles ignoreraient le principe des pollinisations croisées. Mais, Hofmeister, au XIXe siècle, allait découvrir, pour ces végétaux incomplets et livrés au seul végétatif, deux tronçons, l'un asexué, l'autre peu visible et de courte durée, mais sexué ; on assistera à leur alternance ; de ce fait, l'exception reste dans la règle.

Quant au drame de la pollinisation, il s'explique par la nécessité d'en passer, en vue de la fructification, par l'exogamie : en effet, la plupart des végétaux, même lorsqu'ils possèdent, sur le même pied et à l'intérieur de la même fleur, à la fois les étamines et le pistil (l'hermaphrodisme), ne cèdent pas pour autant à une sexualisation directe. La question consiste même à l'empêcher, usant de deux moyens : ou bien le décrochage temporel, en ce sens que les organes gamétiques ne mûrissent pas au même moment ; ou, autre chemin, tabler sur des dispositions anatomiques (courbures, différence de hauteur) qui rendent impossible le contact. Ce que C. Lévi-Strauss a observé chez les humains concerne tous les vivants, sans exception, y compris les moins évolués, d'où une sexualité invariable dans ses procédures (le rejet de l'endogamie), et corrélativement, le rôle des nuages dorés de pollen au printemps, rien moins que des millions de grains. Les philosophes et les ethnologues s'en avisèrent tardivement : il est vrai que le végétal n'a pas été étudié autant que l'animal (sauf chez Aristote et Hegel). Les théoriciens de la généralité observent surtout le haut du phénoménal et ne s'abaissent pas à examiner les êtres situés à la frontière du visible et frappés d'incomplétude (les algues, les joncs, les mousses, les fougères, l'immense groupe des sporophytes, tous concernés apparemment par les principes de la sexualité).

Dans ce domaine de la reproduction, le végétal réussit encore mieux : s'il n'a pas été fertilisé par le pollen miniature, que le vent et les insectes dispersent d'autant qu'ils ne pèsent rien, il recourt, à la fin, à la fécondation directe. Il use de l'ancienne procédure qu'il combattait précédemment ; en effet, du fait de la stérilité, l'étamine fléchit et s'affaisse, finissant par rejoindre le pistil dont elle était séparée.

Est-ce ici trop céder au finalisme en proposant une dramaturgie romancée du végétal ? Mais il se pourrait qu'un tel jeu reproductif l'ait emporté parce que supérieur aux autres – la sauvegarde du plus apte, selon la loi du darwinisme.

Ce qui prouve encore la spécificité individualisante du grain (le sporopollinique) et aussi la richesse de l'ultra-minimal, c'est que la fleur, appelée à le recevoir, n'accepte pas tout ce qui tombe sur elle. Elle ne permet la pollinisation qu'à certaines semences : elles doivent posséder quelques particularités qui autorisent la fusion. Ne transformons pas nos grains, sortis de l'étamine, en simples agents voyageurs, qui vont n'importe où, selon les courants ou les circonstances du vol. Ce n'est pas l'absolument même qui féconde le même (ce serait la pollinisation directe), ce n'est pas davantage l'autre mais seulement le relativement proche. Ne faut-il pas que le pollen victorieux enferme un nombre de chromosomes égal à celui de la plante qui le reçoit, un nombre égal ou l'un de ses multiples, sinon nous ne pourrions pas concevoir la mixie et les divisions ultérieures qui suivront. En somme, le refus d'une semence signifie un désaccord structurel entre mâle et femelle. Le contenu du noyau explique la non-correspondance. Il est vrai que des exceptions ont été remarquées.

Par parenthèse, le philosophe souvent veut savoir – et à juste titre – à quel problème s'attache le savant, dans le domaine des disciplines expérimentales (en vue d'une théorie générale de la végétalité). Nous pouvons, ici, lui en donner un échantillon. Il n'hésite pas à s'enfoncer dans l'utra-minuscule, à travers des questions de faible portée, ou des détails secondaires. Il semble se perdre dans l'insignifiant. Et en effet, il va prendre en compte le fait (dérisoire) que le pollen peut réussir à féconder des plantes éloignées structurellement et pour lesquelles il manquait d'affinité. Pourquoi ici ne pas s'en tenir à la puissance de la multitude en quasi-ébullition (des millions de grains qui passent à travers les barrières) ou à une sorte de loterie qui permet le succès des uns, bien qu'inattendus ? Mais le botaniste ne s'en tiendra pas à cette explication « passe-partout ». En réalité, les exceptions rencontrées à la loi des affinités indiquent d'anciennes parentés. Le pollen en est transformé en archive : il renvoie à l'évolution, reproduisant les anciennes parentés. Le botaniste pourra même s'interroger ensuite sur la raison de leur effacement ou de leur dépassement. Ainsi la plongée dans le « sans objet » apparent permet la remontée vers des considérations générales et des conclusions d'importance[1].

Notre éloge de la poudre et de la poussière en général – nous aurions pu envisager de réfléchir sur la farine, le talc, le granulé – se heurte au scepticisme et même au refus. Nous y voyons trois raisons : d'abord, la seule abondance de ces grains (les acariens, le pollen) les rend insupportable ; nous réagissons avec excès, nous nous enflammons (l'allergie) ; nous ne pouvons pas nous opposer à une invasion qui entraînera la mort de l'organisme (silicose, asbestose).

Autre raison : nous a été inculquée dès l'enfance, une conception faussée de l'hygiène ; nous sommes prévenus contre le poudreux ; en revanche a été célébré l'air pur des montagnes, là où cessent les moisissures ainsi que les fermentations. Pasteur ouvrait, sur les hauteurs, ses bocaux qui échappaient à l'altération

1. Les problèmes ne sont pas tous résolus, loin de là, et le biologiste devra descendre dans le minimal, les détails de la singularité.
a) Comment une plante peut-elle s'opposer à un pollen pollinisateur ?
b) Comment pressent-elle et reconnaît-elle la nature génomique de la semence (le nombre de ses chromosomes ou l'un de ses multiples) ?
c) Faut-il, en vue de cette détermination, prévoir un croisement ponctuel, ou alors, à défaut de ce simple contact, la plante est-elle renseignée à distance au point de refuser la fécondation ?
Nous pensons que le génome décisif (la quantité de chromosomes) retentit sur la forme de ce pollen mais est-ce bien le moyen ? car nous doutons qu'une très légère modification – disons arbitrairement 20 au lieu de 19 – puisse frapper la forme à ce point qu'elle ne puisse pas féconder le pistil récepteur. Bref, l'ensemble de cette microphysiologie de la reproduction continue à retenir le chercheur.
Mais nous nous proposions – épistémologiquement – de donner un échantillon de recherche possible, afin de montrer à la fois sa petitesse de départ et ce qui pourrait en résulter d'assez fondamental (un échange inter-organes éventuellement à distance).
Nous profitons aussi de l'occasion pour louer le « presque rien », le minimal, sous l'angle de la recherche où il joue un rôle de premier plan.

et à la putréfaction. C'est ignorer le rôle des levures et des bactéries, de la bénéfique opacité des atmosphères qui participent aux transformations synthétisantes. Les saprophytes (du grec *sapros*, pourri et *phyton*, plante) nous montrent que certains végétaux ne se nourrissent que de la décomposition des cadavres, végétaux ou animaux (le fumier, l'humus, des couches humides qui fermentent). Ils nous délivrent de nos déchets accumulés. Nous ne pouvons plus nous dispenser du sale et du répugnant.

Ultime raison : nous privilégions ce qui correspond à nos dimensions ; la poussière en devient insupportable, comme si elle nous narguait, sa ténuité la soustrayant à nos gestes de réappropriation (l'époussetage toujours à recommencer).

Malgré ces obstacles, nous n'hésitons pas à réserver à la poussière qu'on chasse et exècre (les brins, les reliquats des substances usées, écornées, détruites, le symbole de la malpropreté et de la mort) une place dans notre ontologie, parce que cette poussière satisfait aux trois conditions que nous avons préalablement fixées, toutes permettant de reconnaître la robustesse, la résistance aux épreuves et les forces de transformation : a) bien que peu visible, le moindre grain se distingue tant par sa forme, que par ses dimensions, ce qui l'entoure, les irrégularités de sa surface (les lieux de moindre résistance, autrement dit les apertures qui le serviront). Par sa seule morphologie, il commence par afficher son autonomie. b) Il résiste si bien que nous ne pouvons pas le briser (l'atome ou l'insécable) ni même l'atteindre directement ; il subsiste inchangé des milliers d'années ; il n'est même pas soumis à une pesanteur qui le clouerait au sol. c) Enfin, s'il ne se reproduit pas lui-même, il prend place de façon opérationnelle, dans le jeu de la fécondation et de la transmission ; il rend possible le renouveau de la végétation, à tel point que nous demandons au philosophe de méditer sur la moindre herbe ou le fruit le plus ordinaire. Dans la plante, il a été trop accaparé par la fleur (l'inflorescence), par les pétales (la corolle), voire les sépales (le calice) alors que pétales et sépales relèvent du périanthe (*péri*, autour et *anthe*, *anthos*, fleur), un moyen simplement protecteur du reste, ainsi encapuchonné.

Mais n'avons-nous pas confondu, pour les besoins de la cause, le brin de poussière et le pollen fertilisateur ? Ce dernier ne peut cependant vivre que s'il rencontre un pistil (souvent situé au loin). Tenons-le aussi pour un grain aussi invasif et pathologisant que l'autre qu'on tient pour mort. N'opposons pas ceux qui se rejoignent dans leur forme, leur emplacement et leur pouvoir.

Annexe

Tanizaki – écrivain japonais – sensible plus que d'autres à l'écart culturel entre Orientaux et Extrêmes Orientaux, n'a pas caché les différences relativement aux conduites, aux goûts, aux impressions.

Dans son ouvrage *Éloge de l'ombre*, il écrit : « Contrairement aux Occidentaux qui s'efforcent d'éliminer radicalement tout ce qui ressemble à une souillure, les Extrêmes-Orientaux la conservent précieusement, et telle quelle, pour en faire un ingrédient du beau… Nous aimons les couleurs et le lustre d'un objet souillé par la crasse, la suie ou les intempéries, ou qui paraît l'être… À ce propos, j'ai toujours pensé que les murs d'une chambre d'hôpital, les vêtements médicaux, les instruments chirurgicaux ne devraient pas, lorsque le patient est japonais, avoir cet éclat métallique ou cette uniforme blancheur, mais des teintes un peu plus sombres et plus douces[1]. »

1. Tanizaki, *Éloge de l'ombre*, p. 38-39, POF, trad. 1977.

Chapitre II

L'empreinte, l'imprégnation

Le chapitre qui s'ouvre aborde un problème dont la solution semble aller de soi. Comparée à la chose (ou à la scène) dont elle dérive et qu'elle évoque, est-ce que l'empreinte peut se comparer à elle et mériter, en conséquence, son entrée dans notre ontologie *a minima* ? Le décalque, l'ombre ne conserve que les contours – le cadre principalement –, il ne peut pas accéder au modèle, à sa chair même ; il doit se contenter d'une simple délimitation. C'est du moins ce que nous nous proposons de discuter, mais, une fois de plus (la poussière ayant ouvert la série) nous examinerons le statut d'un corps, d'un ensemble particulièrement diminué, qui avoisine le rien.

Nous entrons ici dans un développement qui passera pour marginal : en effet, au lieu de continuer à nous soucier du minuscule, ce qui va à l'extinction de lui-même – les brindilles, les particules, les graines ou les germes – nous élargissons, un instant, notre champ d'examen ; nous allons nous interroger sur les objets les plus friables. En effet, au lieu d'examiner le mince et le pulvérisé, nous envisageons le cas de blocs facilement décomposables (en proie à une possible dislocation, en dépit d'une unité de simple facade). Si ceux-ci ne peuvent plus être tenus pour minimes, ils n'en participent pas moins, pour l'ontologiste, à la petitesse et au diminué. Déjà, ils ne manquent pas de s'effriter assez vite, du fait de l'usage (usage, usure) ; il semble donc ne pas pouvoir entrer dans l'ontologie ; et si l'objet ne peut pas en bénéficier, comment ce qui se détache de lui – du fait d'une érosion qui démolit, pourrait-il mériter une estimation positive ?

Mais ne concluons pas trop vite. Notre programme s'énonce plutôt ainsi : est-ce qu'un dévalué peut être reçu dans notre ontologie, lui qui est souvent rivé à une simple utilisation et à des commodités ? Est-ce que la culture peut prendre en considération la pauvreté, le prosaïque, le platement ustensilaire ? Il est vrai que ce que nous nommons la chose, encore qu'elle soit difficile à définir ou du moins à circonscrire, semble, selon certains, entrer de plein droit dans cette ontologie *a minima*, mais d'autres le contestent. Il nous faut donc examiner ce problème avant celui qui touche à l'empreinte.

La chose en général – et même la plus fragile – semble satisfaire aux trois conditions que nous avions préalablement précisées : grosso modo, elle s'impose et s'oppose à la destruction ; de son côté, l'être reconnu toujours s'affiche, résiste et tend à se perpétuer. Et justement, parmi les qualités premières de la chose, comptons la présence (elle nous touchera, nous pourrons l'observer), la voluminosité ou la tridimensionnalité, une certaine cohérence telle qu'elle pourra se prévaloir de l'unité.

Nous nous séparons des philosophes qui devaient pourtant préconiser le retour aux choses elles-mêmes, parce que, dans leur aventure et audace spéculative, ils revenaient à un certain platonisme et visaient surtout à empêcher une positivité réductrice autant qu'appauvrissante. Et les choses, devenues essences, ne cessaient pas de s'éloigner au prétexte d'éviter la platitude de l'observable, et ne risquaient plus l'appréhension directe, puisqu'elles ne se donnaient qu'à travers des variations purement idéelles.

Les juristes devaient heureusement accorder beaucoup à la chose et en permettre une définition tout à fait suggestive. Ils affublèrent la chose d'une appellation prestigieuse : ils la désignèrent « un bien » et l'inclurent dans le patrimoine, ce qui lui confère aussitôt de la richesse et lui donnent de l'importance. Nous nous accordons avec leurs analyses selon lesquelles : a) Tout individu est nécessairement entouré d'un patrimoine, autrement dit d'un certain nombre de choses personnalisées ; et s'il en est dépourvu, nous lui reconnaissons au moins l'aptitude à en acquérir un. b) Chaque sujet, en conséquence, ne peut se prévaloir que d'un seul (le principe de l'unité). Il a été soutenu qu'un héritier se trouve cependant à la tête d'un double patrimoine, celui du défunt et le sien, mais la séparation cesse aussitôt et n'entame pas la loi. c) Il n'est pas un seul objet qui soit sans un détenteur ou qui puisse s'en affranchir : de là, sa consistance.

L'article 539 du Code civil l'affirme nettement : « Tous les biens vacants et sans maître, et ceux des personnes qui décèdent sans héritiers ou dont les successions sont abandonnées, appartiennent au domaine public. » L'article 713, plus sèchement, y revient : « Les biens qui n'ont pas de maître appartiennent à l'État. » Il va en résulter une nuée de difficultés que nous ne pouvons pas envisager ici : a) Le trésor (une chose cachée, enfouie depuis longtemps sans doute et pour laquelle personne ne peut justifier sa propriété) va cependant appartenir à celui qui le trouve dans son propre fonds, mais s'il est sorti du fonds d'un autre, il n'appartiendra plus que pour une moitié à celui qui l'a découvert. b) Ce que nous avons perdu – passé trois ans sans réclamation – sera attribué à celui qui l'aura conservé. Ainsi, la chose qu'on tenait pour isolée, sans vie et quasiment morte, relève moins d'une stricte « objetologie » que d'une réelle anthropologie. Pas de chose sans maître ! Les « *res derelictæ* » n'annulent pas le lien fondateur entre la chose et celui qui lui reste attaché, même s'il tient à s'en débarrasser.

Heidegger (*Qu'est-ce qu'une chose ?*) – en dépit de l'horizon noir sur lequel il inscrit sa réflexion et sa tentative de définition – s'est évertué à saisir « la choséité de la chose », reconnaissant que nous ne pouvons pas y accéder aisément, en ligne droite. Pour faciliter son analyse, il se réfère à un échantillon, le morceau de craie. Et pourquoi le tenir pour une chose ? Déjà, il est possible de le casser (il est friable) : on en modifie alors le « combien », mais non pas le « quoi ». Avec cette cassure, c'est la preuve que ce qui se déploie dans l'espace est lui-même étendu, puisque rien n'a été perdu de la substance première. Par là, Heidegger tend à se séparer de Kant qui accordait à la spatialité la possibilité de déterminer phénoménalement la chose, alors que cette chose a intégré en elle un espace qu'elle accompagne dans ses modifications. Heidegger devait insister sur le côté historial du morceau de craie qui ne se sépare pas de la culture et même d'une science naturelle, celle de son époque, au nom de quoi déjà le simple mot de chose vient confirmer nos remarques : il vient du latin « *causa* » (en italien *casa*) parce que tous les effets ici obtenus doivent être rapportés à un fond productif ; nous dépassons le simplement donné (le phénomène). Et quant à la craie-chose, elle dérive des drames de la Terre, de l'enfoncement ou de l'enfouissement, par les eaux de la mer, de ce qui la bornait ; il en résulte, dans le ciment calcaire, une multitude d'organismes microscopiques tant animaux que végétaux (des coquilles, des spicules, des baguettes, des particules, etc.). Et cette roche sédimentaire se présente en une superposition de couches (les strates). Friable, la craie se délite cependant à la moindre pression.

Pourquoi lui refuserait-on d'entrer dans notre ontologie, alors qu'elle appartient aux archives de la Terre et comprend en elle d'innombrables restes d'organismes vivants ? Sans doute cette craie n'est pas assez reconnue parce qu'elle s'use vite (elle court à sa perte) et surtout en raison de son emploi – l'ustensilaire qui dégrade, abaisse tout ce qui en relève.

Nous rapprochons de la craie heideggérienne le graphite (de *graphein*, écrire) parce que lui aussi dépend de la décomposition des végétaux, d'arbres entiers, opérée par des bacilles anaérobies, dans la profondeur des mers océaniques. Il s'agit toujours d'un biomatériau, en l'occurrence proche des combustibles fossiles (houille, pétrole) et même voisin du diamant qui étincelle.

Comment l'écarter de notre « échelle des êtres » ? On peut lui reprocher de servir (l'usage qui limite) mais, en plus, il n'évite pas un côté « bout à bout » car il faut enfermer cette mine dans un cylindre de bois qu'on ouvre – on recollera les deux moitiés. Nous le créditons, en conséquence, d'une unité de façade, d'autant que parfois on ajoute une gomme (afin d'effacer) à l'autre extrémité de la tige. Or, l'être se caractérise par l'unité de ses composants qui fusionnent, alors qu'en l'occurrence, l'un des deux s'enferme seulement dans l'autre.

Nous croyons entendre un philosophe nous reprocher d'entrer dans des discussions particulièrement ponctuelles, avec des arguments restreints – l'univers du prosaïque. Mais, outre le fait que l'ingéniosité se joue là, dans l'infime et l'ordinaire – nous nous proposons une philosophie de l'ultra-banal, du minuscule et du délaissé. Il se pourrait donc que les drames se jouent dans les marges et le particulaire. Et d'ailleurs tout notre essai consiste à prend en compte le « presque rien », afin d'y apercevoir l'essentiel. Quittons le général et la vastitude, descendons dans l'imperceptible ! Nous appelons de nos vœux celui qui ira plus loin que nous, vers le nano-monde (le moléculaire miniaturisé, les structures les plus ramassées). Déjà, en biologie, en biopathologie, on quitte le microbe pour le virus et ce dernier, à son tour, pour le prion.

Pour revenir à notre problème-procès, qui juge et évalue l'ancien crayon à papier, il ne devrait pas être éliminé de notre ontologie minimale. Si on ne le disposait pas à l'intérieur du bois qui le protège, il ne subsisterait pas et perdrait sa capacité inscriptive ; du fait de sa fragilité, il se perdrait en une poudre de particules. Ne lui reprochons pas d'être engainé, puisque, par là, il se maintient (un être qui demeure dans son être, en dépit de sa friabilité).

Nous n'accepterons pas tous les outils qui ont remplacé le calame (le jonc ou la plume d'oie). Le porte-plume, rival des précédents, demeurera en dehors de notre empyrée, en dépit de ses prouesses utilitaires. On a pu « breveter » les inventions qui l'amélioraient, il reste cependant à la porte de notre consécration du banal. Il n'a pas cessé d'ajouter ceci à cela. L'un des premiers succès a consisté à inclure l'encrier dans le stylo : on a inséré en lui un réservoir qui reçoit l'encre qu'on y aspire ; mais l'ancien encrier conserve encore son rôle, bien qu'amoindri (on puise en lui de temps en temps). Par la suite, l'écrivain s'en est émancipé : une cartouche contient désormais, à l'avance, l'encre nécessaire ; on la remplace sans difficulté. Subsiste toutefois une sorte de pluralité ; n'ont pas été entièrement résorbées les conditions du fonctionnement. Le feutre actuel est allé un peu plus loin dans la simplification fonctionnelle. Comme nous écrivons de plus en plus, et de plus en plus vite, le système scriptural allait connaître sa révolution, puisqu'aujourd'hui, il suffit de parler pour que les mots s'inscrivent. Sont en train de disparaître les reliquats de l'assemblage.

La technique parvient, il est vrai, à tout remanier et à tout réunir : puisque A et B ne sauraient se lier, dans ce cas, on recourt, si possible, à un C qui s'attache à B, lequel remanié s'accrochera à A ; une substance médiatrice (le mordançage) solidarise les deux opposés – le tissu et ce qui le teint. Mais est-ce là une véritable unité ou un accrochage durable ?

Reviendra encore la remarque, qui touche les moyens d'écrire, selon laquelle nous nous soucions trop de ce qui relève du petit bricolage. Mais qu'on interroge le scribe, son travail est conditionné moins encore par la qualité du papier sur lequel sont apposés les caractères que par son moyen préférentiel de calligraphier. Il est empêché ou retardé par une pointe trop sèche, comme par une trop malléable. Il ne veut ni le trop compact ni le trop mou. Parfois il voudra même un peu de couleur afin d'éviter un noir trop prononcé (du bleu ou du rouge). Les moyens de la matérialisation graphique comptent plus qu'on ne le pense.

Nous avons défini l'être par son unité homogénéisante, ce qui s'éloigne de l'assemblage qui lui-même, s'il devait s'accentuer, conduirait au tas. Et lorsque la chose, la plus infime comme la plus pauvre, peut se targuer de cohérence et de maintenance (ce qui persévère) nous la rangeons parmi les êtres. Toutefois nous ne suivrons pas Aristote qui a traité de ce problème (*De la génération et de la corruption*) : il distinguait pourtant les véritables mixtes, foyers d'unité des assemblages dans lesquels les composants sont seulement juxtaposés. Et si l'un des deux conserve son autonomie et n'entre pas dans la synthèse, pas davantage s'il est détruit par l'autre (ce qui n'existe plus ne saurait participer à l'union) nous devons voir là un faux ensemble ; Aristote nous engage à tabler sur les réelles affinités entre les constituants et surtout à vérifier en quelque sorte l'exercice d'une causalité réciproque qui les lie.

Par la suite, l'eau sucrée fournira un bel exemple d'un réel trompeur : le solide (le sucre) disparaît et l'eau qui l'absorbe est devenue un liquide nouveau. Mais le « ce qui n'est plus ni sucre ni eau » ne tient pas ; l'un revient à lui, à la moindre analyse ; il s'agissait alors d'un simple glissement de l'un dans l'autre (qui le cache). Tous deux restent inchangés. Le vrai « mélange, écrit Aristote, est donc l'union, avec altération, des corps mélangés »[1]. Dès qu'une chose peut être dissociée (et aucune n'y échappe), avec

1. Aristote, *De la génération et de la corruption*, Les Belles Lettres, trad. Ch. Mugler, 1966, p. 44.

retour des constituants à l'état premier (inchangé), nous sommes en présence d'un amalgame, d'un simple assemblage.

Curieusement, c'est la chimie qui allait désavouer cette réponse, puisqu'elle annulait tous les ensembles, tous pouvant être scindés et démolis, les composants réapparaissant à leur moment initial. Mais à quoi se raccrocher ? Comment reconnaître la substance ou la véritable chose ? La loi des proportions définies (la loi de Proust) veut que l'union ne se réalise que lorsque les corps obéissent à un rapport invariable. Et la loi des proportions multiples renchérit : lorsque deux corps forment plusieurs substances distinctes, les masses de l'un qui s'unissent aux masses de l'autre respectent un rapport simple, qui s'exprime par un nombre entier. Il ne suffit pas de mêler les constituants, il faut tabler sur les affinités des uns et des autres ; et l'opération unificatrice ne manquera ni à l'invariabilité ni à la simplicité – l'opposé du n'importe quoi et du n'importe comment.

La craie heideggerienne respecte les principes d'une réelle combinaison, en outre, elle enferme en elle des corps fossiles et fragiles ; elle méritait de sortir du lot. Il est vrai que notre principal argument (une base rationnelle en sa faveur) diffère de celui que le philosophe avait retenu, puisqu'il en appelait indirectement à l'ultra-passé, aux énergies de la mer, aux puissances de compression des organismes microscopiques – le triomphe tant de la ruralité que de la naturalité.

D'un mot, nous croyons devoir aller plus loin ; nous refusons d'opposer la chose à l'objet, encore que l'étymologie ne nous aide guère, puisque « *ob* » (on le voit bien dans *obstacle*, *obstruction*, *objection*) signifie une difficulté, ainsi qu'une exclusion de l'individu. Il est vrai que nous l'interprétons autrement ; il s'agirait plutôt d'une suppléance. Il intervient à la place du sujet, le devançant, le prévenant – tel le couteau qui coupe mieux que nos mains.

Mais pourquoi ce rapprochement inattendu de la chose et de l'objet ? Par là, nous chassons la brume qui entoure la chose et l'irrationalise, puisqu'elle renvoie à la violence ancienne, à des forces incontrôlables, sinon même à la jeunesse du Monde. Nous ne tenons pas à participer à cette guerre déclarée au monde moderne : Walter Benjamin, dans *L'Œuvre d'art à l'ère de la reproductibilité technique*, a ouvert le feu, dénoncé l'agonie actuelle, celui d'un univers machinique, celui de la marchandise, l'abandon des matériaux ancestraux et oniriques, la perte de l'aura, puisque les actuels ont été découronnés.

Sans ouvrir la discussion, expérimentons, procédons à quelques variations matérielles, ainsi, une chose comme un galet devenu presse-papiers, voire une curiosité dans une vitrine – devient un objet, puisque voué au seul usage ; s'efface la frontière entre les deux groupes (chose et objet). En sens inverse, Marcel Duchamp a métamorphosé en un super-objet (une œuvre d'art) un objet aussi rudimentaire qu'un porte-bouteilles ou un urinoir ; du simple fait du déplacement il assurait la transformation catégoriale. À l'avenir, il faudra, il suffira qu'un objet contienne en lui des indices de renouveau, d'ingéniosité ou de renversement pour que nous puissions le recevoir dans notre néo-taxinomie valorisante. D'ailleurs l'objet ainsi compris ne manque pas de satisfaire aux conditions que nous avons fixées en vue de l'entrée dans une ontologie, parfois à la dernière place sans doute, où l'objet repensé rejoindra la poussière qui y a déjà été introduite.

La littérature, qui a renoncé aux semelles de plomb, devait favoriser ce branle-bas ; elle a usé de la manœuvre qui consistait à abaisser la chose afin d'exhausser l'objet qu'elle plaçait au centre de son récit. Ainsi, selon Alain Robbe-Grillet, « désormais, les objets peu à peu perdront leur inconstance et leurs secrets, renonceront à leur faux mystère, à cette intériorité suspecte, qu'un essayiste a nommée "le cœur romantique des choses" »[1]. Ou encore, dans le même sens : « Nous constatons la répugnance croissante

1. Alain Robbe-Grillet, *Pour un nouveau roman*, Seuil, 1961, p. 20.

des plus conscients devant le mot à caractère viscéral, analogique ou incantatoire. Cependant que l'adjectif optique descriptif, celui qui se contente de mesurer, de situer, de limiter, de définir montre le chemin difficile d'un nouvel art romanesque[1]. »

Utile addition : « Pourquoi, aujourd'hui, pareil renversement ? » Robbe-Grillet répond : « Il y a, en effet, un élément nouveau qui nous sépare cette fois radicalement de Balzac comme de Gide ou de Madame de La Fayette, c'est la destitution des vieux mythes de la "profondeur"[2]. »

Les réticences pourraient venir de ce que certains tiennent pour équivalents l'être et le conscientiel, et, dans ces conditions la chose (ou l'objet) ne peut prendre place dans une ontologie, même minimale. Seuls compteraient l'homme et son territoire, mais nous avons vu dans ce jugement un effet de l'anthropomorphisme sans bornes. La conscience se distingue d'ailleurs tellement de la chose qu'elle est née de son éloignement. Pour pouvoir maîtriser le dehors, il faut d'abord le mettre à distance. Et la conscience naîtrait de cette révolution bénéfique – celle d'une séparation en vue d'une possible réappropriation.

Ne limitons pas l'être au mental et à la conscience. Nous rejoignons ici Jean Dubuffet, qui a plaidé pour l'extension de ce que recouvre le mot « être » et l'appliquer, en conséquence, aux brindilles, à la touffe d'herbe, à la feuille de l'arbre et surtout au mouvant, dans lequel oscillent à la fois la fermeté et l'inconsistance, ou encore la présence et sa disparition (avec le tourbillon et le nuage). Dubuffet en arrive aux interrogations suivantes qu'il juge particulièrement métaphysiques : « Est-ce que l'ombre du promeneur est un être comme l'est le promeneur lui-même, est-ce que le pas du promeneur, est-ce que sa promenade sont des êtres ? Où commence-t-on, où finit-on de bénéficier du nom d'être ?[3] »

1. Alain Robbe-Grillet, *Pour un nouveau roman*, *op. cit.*, p. 23.
2. *Ibid.*, p. 22.
3. Jean Dubuffet, *L'Homme du commun à l'ouvrage*, Gallimard, 1973, p. 249.

Nous n'hésitons pas à considérer les reflets dignes de l'éminente catégorie du substantiel, à l'opposé de la philosophie platonicienne : la seule ombre implique déjà, outre la présence de ce qu'elle redouble et réfléchit, la délimitation propre à ce qu'elle indique ; elle nous livre la frontière de ce qu'elle recouvre et va jusqu'à cacher. Les limites de la chose commencent bien par nous renseigner sur elle : comment pourrait-on opposer et disjoindre la chose et sa silhouette ?

Nous allons dans cette direction ; nous venons de nous séparer des détracteurs de la chose et de l'objet, qui rentrent dans la sphère de l'être, mais nous abordons la vraie question, celle de savoir si l'empreinte fantomale de la chose ou de l'objet pourra les accompagner dans leur ascension philosophique ou si, au contraire, elle ne retient pas assez le réel pour mériter son ontologisation.

Nous rappelons notre préoccupation qui est de savoir si l'infra-ordinaire, dans ses plus minimes fragments (la poussière, la simple trace, la cendre résiduelle) peut prétendre à la qualification philosophique majeure et intégrer le domaine métaphysique, ainsi que le demande Dubuffet qui n'hésitait pas à écrire : « Les voix de la poussière, l'âme de la poussière, elles m'intéressent bien des fois plus que la fleur, l'arbre ou le cheval, car je les pressens plus étranges[1]. »

La métaphysique, selon notre mentor, aurait été trop accaparée par l'immatériel (la liberté, la personnalité, le souvenir), le stable et le trop proche de l'humain. Nous entendons revenir sur cette excessive prévalence et examiner le cas du double, du simple reflet ou de l'ombre.

1. Jean Dubuffet, *L'Homme du commun à l'ouvrage*, *op. cit.*, p. 230.

Dès le début, la philosophie a été mal orientée et se serait égarée. Socrate l'a détournée de son chemin ; au lieu de nous inviter au « Connais-toi toi-même », il aurait dû nous conseiller le « Oublie-toi le plus possible ». Platon, de son côté, ne fêtait que l'idée, il déclassait l'image du lit ; le simple lit, déjà, était déconsidéré parce qu'il venait après l'idée de ce lit et qu'il n'en offrait que la reprise. Le menuisier se borne à fabriquer le même ensemble. Il produit moins qu'il ne reproduit. Et quant au simulacre, qu'on situera plus bas du fait de son côté illusionniste, il ne propose qu'une silhouette déformée. Le peintre ne peut que suggérer un seul côté, du fait de la nécessité de la perspective. De même, nous ne devons pas confondre le cercle que nous traçons et l'idée du cercle (un pur relationnel).

L'empreinte (qui emprunte quelques traits au modèle) souffre donc de sa pauvreté (la planéité), de sa fausseté et non moins du fond d'absence qu'elle tente en vain de compenser. L'artisan, bien que décalé par rapport au meuble qu'il copie (lit ou chaise) aperçoit l'organisation élémentaire des différentes pièces qu'il assemble et assure l'entièreté de ce qu'il fabrique. Mais celui qui se contente de quelques lignes néglige ou ignore l'importance de la logique matérielle et constructive qui assure la solidité de ce qui a été réalisé. Ainsi tout écarte l'imagier d'une consécration, qui supposerait au moins la compréhension de ce montage et expliquerait son usage, ce qui légitimerait ce travail effectif. Bref, nous distinguons d'un côté un assemblage effectif, de l'autre côté, un mensonge.

En règle générale, l'empreinte, lorsqu'elle se rapproche du réel (une sorte d'image mécanique) ne retient que le saillant ; elle est surtout inséparable de l'absence, à l'opposé de ce qu'elle tente de conjurer.

Imaginons les traces d'un pied sur le sable (ou une terre meuble) ; nous devons noter ici une double absence, celle du pied d'abord, puis celle du sable qui aura été ou déplacé ou écrasé ; on l'a dit : un pied sans sable, un sable sans pied ; en outre, ce même pied a dû, un instant, s'enfoncer, puis rapidement se retirer. Et si le sujet se met à courir, nous ne pourrons plus tabler que sur la pointe de ce pied, car le talon n'aura pas pu s'inscrire, ce qui accroît le manque. Dans ces conditions, nous ne pouvons pas trop valoriser ce résidu ramené à une traduction incomplète, vidée d'une partie de son contenu. Et comment ne pas lui opposer la plénitude, l'entièreté de la chose (l'être indiscutable) ?

L'histoire a retenu deux empreintes substitutives : la première fut réalisée par une jeune femme amoureuse de celui qui partait pour l'étranger ; elle entoura d'une ligne la forme de la silhouette, portée sur le mur, grâce à la lumière d'une torche[1] ; son père aurait même eu recours à l'argile afin d'en obtenir un modelage comme s'il avait tenu à compléter l'ensemble. Autre empreinte célèbre, nul n'ignore celle du Saint-Suaire, parce que Sainte Véronique appliqua un linge sur le visage ensanglanté du Christ ; elle en aurait obtenu une véritable « icône ».

Dans les deux cas, bien que différents, est réalisé un double, soit à l'aide d'une pression modérée, soit grâce à une délimitation externe, mais nous retenons surtout de ces deux opérations transcriptives qu'elles impliquent l'effacement de l'artiste ; surgit « l'image achéiropoiète » ; elle n'a rien demandé aux mains ni à un appareil ni aux instruments habituels du peintre – le chevalet et les pinceaux. A été mis en œuvre un dispositif physique, celui

1. Je dois à la lecture de la thèse d'un philosophe particulièrement informé (*L'Art dianouménal*, 2006) la citation qui suit, qu'il commente et qu'il a d'ailleurs empruntée à Pline l'Ancien (*Histoire naturelle*, XXXV : « La Peinture », p. 67-68).
« Les artistes s'accordent à attribuer (à la ligne) la palme pour l'exécution des contours (*in liniis extremis*). C'est en peinture l'art le plus consommé. Car peindre des corps et la surface intérieure des objets est certes une entreprise ardue, mais beaucoup s'y sont illustrés ; au contraire, savoir rendre les contours des corps et enfermer dans une limite les plans fuyants de l'objet que l'on peint, cela se rencontre rarement exécuté avec succès par un artiste. De fait, la ligne de contour doit s'envelopper elle-même et finir de façon à laisser deviner autre chose derrière elle et à montrer ce qu'elle cache. Voilà le mérite particulier que lui ont reconnu Antigone et Xénocrate qui ont écrit sur la peinture… »

de l'imprégnation, à l'opposé de la rigidité et de la violence séparatrice du « *partes extra partes* ». G. Bachelard l'a souligné, insistant sur les avantages des substances molles, alors que les compactes ne cèdent pas à la pression et que les fluides ne connaissent que la désunion. L'argile appartient au premier groupe : elle peut se gorger d'eau qu'elle restitue aussitôt que la température s'élève. Par suite de sa fluence, elle reçoit et elle retient ; il suffira ensuite qu'on lui retire son eau pour obtenir la solidification. En conséquence, elle favorisera la fabrique voisine du moulage (l'auto-duplication).

Ces trois prouesses (les lignes de l'ombre, la pression-impression, la reproduction) ne servent pas à grandir l'empreinte qui, d'une part, tient plus de l'apparaître que de l'être, et qui, d'autre part, s'est mécanisée au point d'éliminer l'homme de l'art.

Mais nous ne consonons pas avec ce procès qui disqualifie l'empreinte, puisque nous allons la montrer plus informante et plus significative que la chose même. Ainsi elle fut attaquée parce qu'elle manquait à la tridimensionalité, au volume, à l'épaisseur et à la présence de ce qu'elle simulait ; mais ce qu'elle a perdu d'un côté, elle allait le gagner de l'autre. La chose déjà se déplace difficilement, en raison de ses dimensions et de sa lourdeur constitutive ; elle est clouée sur place définitivement, alors que le double graphique grâce à sa légèreté et à sa minceur bénéficie de la volatilité ; nous l'emportons avec nous, si nous le souhaitons ; nous ne nous en séparons pas. Et mieux vaut, grâce à elle, la présence de l'absent que l'absence du présent !

Avec la chose, nous n'avons pas accès à la tridimensionalité (le dessous, l'autre côté nous sont cachés). En revanche, par l'empreinte, j'obtiens sans difficulté ce qui ne m'est pas donné. Il suffit que je tourne autour de ce que je tiens à appréhender sous tous les angles. C'est une victoire sur la masse – une masse à laquelle nul n'échappe et que l'on ne saurait dominer.

Incontestable supériorité, l'empreinte – une forme et peu de matière – se multiplie facilement, elle et tous les arts qui vont en découler, mais la chose reste enfermée dans sa singularité, la prison de son unicité. Du fait de sa faible extension, l'empreinte-icône peut nous donner à voir les choses dans leur totalité, la simultanéité de leur complétude, ce qui nous procure de la lumière, alors que la chose, dès qu'elle atteint de larges proportions, nous prive de l'ensemble. Nous ne pouvons que partager l'avis des lecteurs de l'*Encyclopédie* qui avouaient ne pas comprendre les pages explicatives, tandis que les planches (des croquis) les éclairaient ; grâce à elles, ils concevaient les fonctionnements des machines.

Quel que soit le côté par lequel elle est analysée, l'empreinte – bien qu'obtenue mécaniquement – gagne à la comparaison. Rien n'équivaut – méthodologiquement parlant – à ce qui correspond à « la chose sans la chose » – une chose qu'on aura débarrassée de ce qui la recouvre ; nous tâcherons de ne conserver que la structure, renonçant à la lourdeur d'un contenu.

Ainsi, pour celui qui sait lire une carte, cette carte lui en apprendra plus que l'observation du paysage ou les randonnées dans la région. Si elle se met à embrasser beaucoup d'informations, elle renseigne moins ; mais la diminution, au profit de l'essentiel, multiplie généralement les relations et les explications. C'est bien le moins qui nous apprend le plus.

Alors que toute chose est soumise à une incurable usure, l'empreinte-souvenir – un avantage dû à sa minceur et à son exiguïté – échappe à la destruction, d'autant mieux que, de nos jours, on se sert de papiers qui résistent aux parasites et même au jaunissement. Le spécialiste des empreintes, Jean Dubuffet, n'a pas manqué de reconnaître leur rôle : « Le langage des empreintes et la direction qu'il imprime au travail changent grandement selon le papier offert. »

Il nous plaît de valoriser cette procédure matérielle qui exploite la simple adhérence, l'encollage et surtout la transmission directe, ou l'entrée du plus ferme dans le plus friable (tel le tampon dans la cire), le pouvoir d'une sorte de capillarisation. La lithographie, la gravure mettra en œuvre ce moyen reproductif. En conséquence, nous allons dessiner sur une pierre appropriée (la pierre lithographique), avec un crayon gras, telle ou telle figure ; après quoi, on soumet le résultat à l'acide azotique, qui attaquera la pierre là où le crayon ne l'aura pas protégée ; il suffit ensuite de passer l'encre sur cette pierre ainsi traitée, à la surface inégalisée. Très curieusement d'ailleurs, cette pierre ne présente aucun aspect visible, aucun trait, mais elle restitue ce qu'elle a enregistré et aussi conservé.

La photographie résulte du même système, réaménagé : elle pourra aller jusqu'à se dispenser d'un appareil qui l'intensifie. Il s'agit de fixer une image-empreinte. Au tout début, on use d'une matière noire, le bitume de Judée qui se modifie chimiquement ; s'opposent ce qui est influencé par le soleil et ce qui ne reçoit pas ses rayons : il fallait d'ailleurs plusieurs heures d'exposition à cette lumière, du fait de la lenteur de la réaction du bitume ; en outre, le soleil continuait sa course, ce qui déplaçait ombres et plages claires. On ne tardera pas à attaquer la plaque sensible par un acide faible, qui creusera les parties n'ayant pas été protégées par l'enduit résineux (intact), d'où l'héliogravure. Nous en rapprochons l'aérographie : est projetée, avec un pulvérisateur à air comprimé, de la peinture sur un objet placé devant un récepteur impressionnable ; par là encore, on sépare ce qui aura été aspergé et ce qui ne pouvait rien recevoir (à cause de l'interposition de l'objet, dont on va obtenir la silhouette). Ce procédé appartient au domaine des traductions mécanisées, différenciées et allégées.

On ne manquera pas de reprocher à cette technique reproductrice envahissante ses excès de précision (inutiles), puisqu'elle ne peut renoncer à rien ; et nous avons insisté sur le fait qu'une captation excessive perd ce qu'elle croit retenir. Ne venons-nous pas de disqualifier l'image, quand nous prétendions la sauver ?

Les rayogrammes de Man Ray suffisent pour répondre à ce reproche : il expose à la seule lumière du jour un quelconque objet qui projettera son ombre sur le support (papier ou plaque). Il n'a pas eu recours à la violence du flux photonique ; il s'ouvre au vaporeux, au flou. L'empreinte nous apprendra bientôt à voir ce que nous ne voyons pas.

On saura fabriquer des « images » à teinte variable et même de couleur : on recouvre la plaque de grains rouges, jaunes et verts (la trichromie), les grains de charbon occupant les faibles intervalles, le rayon lumineux se doit de les traverser, il en sort imprégné.

L'empreinte nous a comblé de tant d'avantages – avec elle, nous entrons dans un autre monde – que son industrialisation va s'en accélérer. Nous vivons sous sa domination ; elle a élargi notre univers, aussi son ontologisation va de soi, à l'encontre de ce que croient les mysticismes de la seule présence.

Chapitre III

Une autre médecine

NOUS NOUS SOUCIONS des corps qui obéissent à deux conditions apparemment peu compatibles – l'extrême petitesse, à la limite de l'effacement ainsi qu'une franche solidité. Et nous allons jusqu'à nous demander s'ils pourront rejoindre le groupe du substantiel, mais à la condition que nous leur reconnaissions une certaine autonomie et une potentialité reproductrice (la subsistance de l'être et sa prolongation). Nous ouvrons donc un nouveau chapitre relatif à l'examen du mince et même du lilliputien ; nous y associons surtout la prise en compte des « traces » (la tracéologie) dont on sait qu'elles correspondent à des « absences-présences ».

En la circonstance, le travail du philosophe consiste à entrer dans les arcanes du « presque rien », voire du futile, à l'évaluer et à en tirer, si possible, des informations, d'autant plus appréciables qu'elles demandent le recours à des stratégies obliques et indirectes. Alors, comment passer du particulaire et du diminué à l'ensemble dont il dérive et dont il conserve probablement la marque ?

Le XXe siècle – dans le domaine des sciences expérimentales dans lesquelles nous nous bornons –, n'a pas manqué de privilégier le corpusculaire, l'ultra-minime d'autant plus insaisissable qu'il peut être emporté dans des mouvements incessants, tant la ténuité va de pair avec la mobilité (la fumée et ses volutes l'illustrent). Au départ, on aurait pu être tenté de délaisser ce qui résulte le plus souvent des rognures et de la lente démolition qui frappe les corps entiers.

Nous l'avons déjà noté et nous y insistons, certains artistes, pressentant cette sorte de jeu au fond de l'Univers, ont tenu à le reproduire, s'inspirant en partie des mouvements des grains de sable dans le désert – des dunes qui s'élèvent, puis s'effacent aussitôt et qui recommencent. Les plasticiens (Marcel Duchamp, Man Ray) ont réalisé, avec la poussière équivalente, le balancement entre une forme passagère et sa disparition, puis sa réapparition possible. Ils tentaient sans doute de retrouver les deux pôles antagonistes, à la fois la configuration et son annulation.

Nous pourrions enrôler, afin de fonder notre épistémologie qui porte sur le très peu ou le presque rien, aussi bien Darwin (il fut arrêté par du minuscule ou des modifications morphiques insensibles, ainsi que par un mouvement de quelques millimètres, la subsidence, l'affaissement de la Terre) que Freud, (attentif à un geste, une conduite, un seul mot et même un silence). À partir de « détails » délaissés et superfétatoires, il parvenait à descendre dans le fondamental. Ces deux théoriciens ont valorisé et su interpréter, comme nul autre, le minimal ou les plus faibles écarts.

Nous préférons commenter ou du moins retenir un cas aussi flagrant, qui devrait illustrer la méthodologie de l'observation du « moins » – la découverte par Pasteur de la chiralité qui, dans l'esprit de ce savant, concerne toutes les substances de la chimie dite organique (les gommes, les mucilages, les sucres, les corps gras, etc.). Ce terme vient du grec « *cheir* », la main, parce que la main droite n'est pas vraiment superposable à son image dans un miroir, ni avec la main gauche, à ce point que le gant qui convient à l'une ne saurait convenir à l'autre. Cette propriété – la chiralité – s'applique à des substances composées des mêmes constituants, dans les mêmes proportions, avec un arrangement semblable. Pasteur a donc été confronté – avec les acides tartriques et paratartriques, du moins avec leurs sels, à l'énigme d'une unité qui s'exprime à travers une différence. Une telle question devrait quasiment revenir au métaphysicien, puisqu'il s'agit d'une irrégularité à l'intérieur de l'égalité. En effet, alors qu'un des tartrates déviait le plan de la lumière polarisée (une épreuve optique) l'autre ne le modifiait pas.

Pasteur va tabler sur la présence de mini-troncatures aux angles des cristaux de ces sels ; il comprit, à partir d'eux, que si le paratartrate (nommé jadis le racémique) s'avérait inactif, cette absence de positivité à l'examen venait de ce qu'il réunissait les deux tartrates, l'un dextrogyre, l'autre lévogyre ; il les sépara (le dédoublement à l'aide de l'indication cristallographique). Il va en résulter que la molécule doit être vue comme hélicoïdale, tournant soit à droite, soit à gauche. Pasteur finira par distinguer, sous l'unité, le droit, le gauche, la fusion des deux et aussi le « détordu » (le mésotartrique). Pasteur a d'ailleurs bénéficié des circonstances pour en arriver à ce renouveau de la configuration moléculaire : d'une part, la présence de facettes obliques sur les angles du cristal, ce qui permettra la séparation ; d'autre part, l'existence d'une famille de corps qui mêlent la différence à une complète unité.

Les chimistes accumuleront les objections et les exceptions à cette conception structurale, mais Pasteur en viendra à bout, grâce à des cristallisations appropriées. Il saura susciter la dissymétrie entre ceux qu'on tenait pour égaux ; et, en sens inverse, les corps qui ne devaient pas se montrer porteurs de cette propriété optique différentielle, la perdaient effectivement.

Par la suite, Le Bel et van't Hoff élargiront la théorie en cours et en effaceront les résidus de vitalisme ; ils en arriveront à la notion d'un carbone susceptible d'entraîner l'asymétrie ; lorsqu'il porte quatre substituants différents, il se chiralise ; il en résulte un élargissement de ce qu'on tenait pour uni mais que l'isomérie dément. Nous retenons de cette découverte qu'un indice ponctuel (on le tiendra plus tard comme contingent) – une facette à certaines extrémités du cristal – a permis d'isoler et de fonder la stéréochimie ; on a compris qu'il fallait réorganiser et même tridimensionaliser l'espace des constituants moléculaires ; on a même pu en induire les propriétés spécifiques propres à chacun de ses égaux qui portent en eux la différence.

La découverte en question est partie d'un minime quasi imperceptible, d'une irrégularité (la désunion) inséparable de la dépréciation. Nous croyons y voir une confirmation de notre thèse, rien moins qu'un changement de territoire (le passage du molaire au moléculaire) à quoi obligent le plus ténu et le plus délaissé.

Nous tenons ici une preuve irrécusable en faveur de la thèse d'un double qui ne se réduit pas à une simple duplication ; cessons de croire que les quasi-identiques – et ils le sont par bien des côtés – n'ajoutent rien. Ils détiennent en eux, le plus souvent, un minime imperceptible par rapport à ce qu'ils recommencent. Le philosophe tend à s'en méfier (le double fausse l'examen : on ne sait plus où se trouve l'original ou le premier) : il ne repère pas la mince dissymétrie qui se loge en eux et parfois y scintille. En toute hypothèse, les conséquences de ce « moins que rien » (une torsion) sont telles que l'un des isomères favorise la vie, quand l'autre si proche l'empêche. On ne peut pas s'opposer davantage.

Comme nous l'avons déjà mentionné, la biologie, dans un autre contexte, elle aussi, va changer de registre : elle va renoncer en partie aux organes et aux fonctions, au profit d'une microscience ; elle entre au cœur de la cellule et même de son noyau ; elle y décèlera l'ADN, le ruban opérateur et porteur de la singularité individuelle, de ses caractères et de ses activités vitales. Cette jeune science expérimentale va même en arriver à un résultat insoupçonné, rien moins que la conjugaison ou la sexualité qui renouvelle les structures du monde vivant. On avait cru devoir réserver aux organismes les plus évolués ce type d'échange.

Cette conjugaison correspond à une entrée d'une bactérie dans l'autre, un passage unidirectionnel : la cellule donneuse, qualifiée de mâle (par les biologistes) entre dans la receveuse nommée femelle. Ce qui lui est transmis a été appelé facteur de fertilité (F pour fertilité) ; celle qui le reçoit s'écrira F- (parce que dépourvue de ce facteur). Il existe même une autre souche dite Hfr (pour High frequency recombination) plus active que la précédente.

Et cet échange sexualisé réussit grâce à un « tube de conjugaison » lui-même amplifiant un « pilus sexuel », un de ceux qui couvrent la membrane de la cellule bactérienne fébrile. Cette communication part souvent d'un plasmide – la cellule (et surtout le procaryote) contenant en elle des éléments extrachromosomiques – détachés, indépendants et prêts au déplacement ; ils sont susceptibles de s'intégrer à une autre bactérie, remplaçant ou ajoutant seulement une unité à une autre. Il va de soi que le codage de l'être modifié dans ses assises s'en trouve renouvelé.

Le laboratoire ne manquera pas, de son côté, de mettre en œuvre des interventions comparables, des greffes sur l'ADN d'une cellule bactérienne qui recevra une information, venue d'une autre bactérie, devenant capable de produire ce que le gène transplanté lui imposera désormais comme programme. De ce fait le biologiste devient maître des organismes (le génie génétique). Une archéo-sexualité permet ces transformations.

Pourquoi y insistons-nous ? C'est que le microbe semblait d'entrée de jeu ne pas pouvoir trouver place dans notre ontologie minimale : il est même tenu pour dangereux (les épidémies), si pauvre qu'il ne subsiste parfois que grâce au parasitisme. De petite taille, il lui arrive de « disparaître » – une éclipse passagère qui trompe les observateurs, même les plus prévenus.

Nous ne songeons qu'à nous éloigner des microbes et à nous en préserver. Nous ne retenons pas assez une vitalité telle qu'ils parviennent à déliter le plus opposé à la dégradation (les déchets, la cellulose, tout ce que recherchent les autotrophes). Les pathogènes forment l'exception, non la règle. Sans eux, le monde même serait transformé en un désert. Déjà, antérieurement nous avons réhabilité la poussière (un nid pour les germes, les acariens), de même, ici – territoire voisin – nous tenons à ne pas tomber dans la « névrose de la propreté » ; nous avons d'ailleurs reconnu que les bacilles satisfont aux trois conditions exigées à l'entrée dans le monde du substantiel, et en dépit des maladies qu'ils transportent avec eux, encore que les hygiénistes et les épidémiologues tendent à incriminer les carences de toute nature qui rendent possible la contagion – le microbe ne venant qu'après, en tant que cause adventice, puisque le bacille ne peut s'infiltrer que dans un corps affaibli qui ne peut plus s'opposer à l'envahisseur.

Assurément, notre problème – la reconnaissance du substantiel (l'être) – rebondirait si nous prolongions notre analyse-recension, parce que le prion (un agent infectieux mais sans matériel génétique, constitué de simples protéines) n'en provoque pas moins de graves maladies dégénératives du système nerveux, telle la maladie dite « de la vache folle », ainsi que le *kuru* qui frappe les cannibales de la Nouvelle-Guinée qui croient devoir manger le cerveau d'un proche qui vient de mourir, afin de lui rendre hommage et surtout de prolonger son existence. Mais ces prions constituent-ils un groupe véritable ? N'est-ce pas plutôt un ensemble en voie de diminution ? Comment se reproduisent-ils ? Nous ne pouvons pas répondre à ces interrogations qui se situent seulement sur les bords de notre territoire philosophique.

Avant de poursuivre, nous avouons nous opposer à une double philosophie, qui disqualifie notre problématique : déjà, nous avons quitté celle qui célèbre l'« Être en soi », auquel les autres participeraient seulement, car nous ne savons pas à quoi ceux-ci sont finalement renvoyés. Avec cet « Être en soi », il ne s'agirait que d'une abstraction creuse, une simple fiction ; nous ne reconnaissons, et ne recensons que des êtres (au pluriel) limités et même factuels, tous caractérisés par leur tendance irrépressible à demeurer dans l'auto-continuation (substance et subsistance), même si la mort ne manquera pas de les concerner tous, afin que soit assuré le renouvellement communautaire ; et c'est bien pourquoi la mort se loge au cœur du vivant et le caractérise, mais afin que demeure l'ensemble et non pas les particuliers.

L'autre philosophie que nous ne partageons pas donne dans une conception mystique de la corporéité – ultime refuge pour les évanescences métaphysiques, et de telle façon que le côté physique de la substance soit définitivement effacé.

Que l'être vivant (souvent ces deux mots ne peuvent pas être disjoints) forme un tout cohérent n'empêche pas qu'on puisse repérer en lui des stratégies en faveur de sa maintenance, l'une d'entre elles consistant à s'auto-concentrer (les séquences d'ADN, au milieu de la cellule, se situant même à l'extrémité de la stratification protectrice).

Nous entrons dans un tout autre territoire, là où nous allons recueillir sur le corps de nombreux indices de son existence présente et passée (la tracéologie, une riche province dans l'épistémologie des disciplines expérimentales). Nous la rattacherons sans peine à une ontologie minimale.

Il est une médecine qui n'a guère retenu l'attention des historiens et des commentateurs ; il est vrai qu'elle ne s'exerce qu'au bénéfice de l'État et à sa demande. À l'heure où est valorisée la rencontre entre le médecin et le malade, elle cesse ici, puisque l'homme de l'art n'est pas confronté à un patient qui réclame des soins et de la compassion. Cette médecine judiciaire, en principe, ne s'exerce qu'avec et sur les morts (les cadavres[1]) auxquels elle tente d'arracher des informations. Cette médecine aura surtout été dépréciée du fait de son voisinage avec la Police et de l'imbrication de leurs champs respectifs.

Pour nous – et nous y reviendrons – l'individu décédé continue à vivre (une vie nouvelle : la stricte matérialité corporelle ne manque pas de changer et d'informer l'expert). Non que nous puissions évidemment ausculter le mort ou évaluer l'état de ses fonctions (un cœur qui bat) mais nous saurons l'interroger, afin qu'il réponde aux quatre problèmes que nous lui poserons :

a) De qui d'abord, s'agit-il ? Parfois le médecin légiste est mis en présence d'un inconnu, voire d'un simple squelette.

b) De quoi et même comment est mort celui qu'il autopsie, question souvent difficile, puisque le criminel a pu vouloir tromper à l'avance l'interprète de ses restes ?

c) Quand est-il mort ? Il importe même de fixer aussi bien le lieu que le jour et l'heure du crime, en fonction de la marche de la putréfaction, dont on connaît les moindres étapes.

d) Pourrons-nous apercevoir sur le mort de quoi soupçonner le malfaiteur, qui aura pu abandonner sur le cadavre ce qui permet de le confondre ? À l'inverse, nous trouverons sur celui

1. Je dois à Jean-Claude Beaune, un collègue et un ami, cette remarque d'importance : « La leçon de Galien sera oubliée, sous le poids des interdits religieux, en particulier l'interdiction de toucher au corps mort (« *Ecclesia abhorret a sanguine* », Concile de Tours, en 1163) […] La seule exception concerne le corps des empoisonneurs dont la dissection est autorisée et même recommandée, pour tenter de trouver la substance maléfique que l'empoisonneur doit receler en lui » (*La Philosophie du remède*, Champ Vallon, 1993 – Article de Jean-Claude Beaune, « Le remède et sa guérison », p. 347).

qui l'a tué des indices qui pourraient valoir comme preuves. Nous appliquons le principe ; du moment que des corps ou deux substances ont été en contact, elles ont dû laisser des traces de leur confluence.

Mais pourquoi cette incursion dans la médecine judiciaire (elle n'a d'égal que la médecine du travail), sinon parce qu'elle relève de la lecture des moindres indices ou de l'attention au « presque rien » ? La micro-analyse portera sur une dent, un morceau d'ongle, un cheveu : ainsi, on en arrivera à injecter à des animaux de laboratoire des pulvérisations de dents (un micro-fossile) afin de recueillir des anti-corps et on les comparera avec ceux obtenus sur un autre matériel.

Cette médecine se remarque encore à ce que l'erreur relative à l'« ouverture » éventuelle des corps ne tire pas à conséquence, en ce sens que le médecin ne craint plus d'infliger des souffrances à celui qu'il autopsie ; il est également possible de se livrer aussi à tous les examens, afin de sortir de la nuit des vérités difficiles à obtenir sur un vivant. En outre, le médecin légiste, mandaté par l'État, qui interroge les restes d'un homme, ne manquera pas de les entourer d'un certain respect, car il s'agit, pour lui, de reliquat personnalisé.

Plus généralement, la médecine légale nous met en présence d'un corps polysémique : nous devons en retirer des « marques » qui rejoignent les empreintes et aussi les ombres, dont nous avons reconnu l'étrange statut (une absence et aussi une présence, une adhérence et une séparation, tout étant aussi donné en creux). Mais cet ensemble mérite-t-il une accession à l'ontologie, faut-il le reléguer dans l'immatérialité ? D'ailleurs tout ce qu'il nous livre disparaît rapidement ; tout, en effet, est promis à l'altération et renvoie aussi à un interorganique passablement embrouillé.

Nous ne nous attarderons pas sur les empreintes digitales et leurs dessins trop connus, nous préférons réfléchir sur les traces des pas, bien que l'examen de ceux-ci soit conduit non pas par la médecine cadavérique mais par les experts de l'identité judiciaire. Il faut compter, en vue de leur apparition, sur un sol relativement humide (ou alors empoussiéré), recouvert de ce qui enregistre la moindre pression (la neige) ou, à défaut de cette condition, sur un pied ensanglanté qui laisse des marques sur le parquet. Dans le premier cas, un solide s'impose à du liquide ou à du mou, dans le second cas, c'est un liquide qui se dépose sur un solide. Dans les deux cas, nous en tirons des informations en vue d'une herméneutique matérielle ; il s'agit, en effet, d'interpréter des données physiques.

Préalablement, nous avançons deux remarques : selon l'une, nous sommes frappé par le fait que le corps s'exprime d'abord à ses extrémités (les doigts ou la main, ainsi que le pied), à l'interface entre l'individu et le milieu, là où se situe la zone sensible. Ne comptons pas sur un centre plutôt muet. De plus, seconde remarque, sans en appeler à des mensurations comparatives et à des appareillages d'évaluation, nous connaissons déjà le sexe, l'âge et surtout l'allure de celui qui a laissé des traces de son passage. En effet, la longueur des pas, le rythme de leur succession diffèrent selon qu'il s'agit d'un homme ou d'une femme ; l'homme âgé se déplace plus difficilement et plus lentement. Mais surtout la seule manière dont l'individu marche ou court va nous révéler l'essentiel, à savoir la psychomotricité. Aucun ne marche de la même manière qu'un autre. Nous déposons sur le sol notre signature. Il me semble qu'on contrôle et donc modifie assez facilement le mouvement des mains, mais nous ne pouvons pas corriger l'allure de notre déplacement puisque nous ignorons celui qui nous correspond et nous désigne. Nos pieds nous trahissent.

Nous ne pouvons ni empêcher leur déposition sur le sol – c'est même notre signature – ni la modifier. Nous retenons donc cette séquence : la marche du pied nu (éventuellement), puis les chaussures qui conservent le passé (l'usure d'abord, les réparations, coutures et clous possibles) et à travers ces modifications, les attitudes, voire la manière d'être, enfin, les traces de la course. Ici, nous possédons à la fois les vestiges du présent dus à l'application obligée du corps et les reliquats du passé sédimenté dans les déformations tant de la semelle que du talon. Nous pouvons donc tabler sur deux plans inscripteurs.

Nous n'en restons pas là : nous gagnons grâce à la photographie et surtout avec le moulage ; nous accentuons ce que nous observerons mieux ; on pourra commencer à entrevoir l'âge du marcheur, parce que la longueur du pas diminue avec la vieillesse, alors qu'elle atteindrait son maximum entre 30 et 40 ans. Ceux qui sont frappés d'embonpoint se déplacent selon une ligne qui passe de droite à gauche et inversement – un relatif balancement. Nous ne manquerons pas de distinguer l'empreinte de la course, qui diffère de celle de la station ; l'empreinte du gros orteil s'allonge pendant le déplacement et passerait de 4 centimètres à une longueur de 5,5. Cet allongement vient de ce que préalablement, dans le repos, une partie de cet orteil ne touchait pas terre ; il n'assurait pas la stabilité recherchée quand on franchit les distances. Retenons l'idée simple de variations minimes qui cependant nous fournissent de précieux renseignements. Si l'individu porte un poids lourd ou seulement des objets encombrants, l'empreinte s'élargit. N'oublions pas aussi que le pied, en lui-même (le pied cambré, le pied-plat) a subi des déformations ; nous procéderons, en conséquence, à de fines mesures (longueur, largeur, hauteur notamment qui permettront ultérieurement des comparaisons, aucun pied ne ressemblant à un autre).

Nous savons la remarque qui pourrait nous être opposée : avec vos appareils qui agrandissent et vos méthodes d'appréciation, vous ne travaillez qu'à identifier le tueur ou le voleur – une tâche policière et comme si la médecine légale était absorbée par le souci de la sécurité ; et vous ne savez rien de la personnalité de celui dont vous favorisez l'arrestation.

C'est ce que nous contestons : outre le fait que cette médecine a souvent volé au secours de l'innocent faussement poursuivi, il nous suffira, pour la mieux comprendre, d'en appeler à un territoire voisin, là où la psychomotricité s'expose et permet une certaine compréhension de celui dont nous avons analysé « le style » ou l'allure de l'écriture. Dans les deux cas, nous nous attachons à ce qui relève de l'automatisme, ce que le psychisme inspire (ainsi la locomotion va de pair avec le désir) mais ne saurait transformer.

« La plume est à l'action de l'esprit ce que le sphygmographe est à l'agitation du cœur, l'un et l'autre donnent le dessin de l'activité »[1], selon Gabriel Tarde.

Pour notre épistémologie minimale – elle porte sur des commencements et ne retient que le très peu – elle-même branchée sur une ontologie parmi les plus affaiblies, nous devons nous livrer à une double et indispensable opération : d'abord, il faut réaliser un codage qui concentre l'appellation de la situation. En effet, les experts devront s'entendre sur certaines conventions et déjà sur l'ordre de la désignation ; on débutera par la semelle du pied droit ; suivront les abréviations, ainsi l'usure semi-lunaire de l'extrémité de la semelle devient « s. l. » seulement ; on aboutit à une formule hyper-ramassée.

Autre et indispensable opération : il importe de constituer une « banque de données », de telle manière que nous saurons si le malfaiteur a déjà été « enregistré » sur l'échiquier, ce qui est probable, en raison du fait qu'on entre par paliers dans la grande criminalité. Bref, il faut commencer par un codage abréviatif (le « fichage », un mot et une action réprouvés), puis aller vers un repérage situationnel dans l'ensemble. L'empreinte qu'on jugeait sans doute enveloppée de négatif et peu consistante (une simple trace) nous vaut une moisson d'informations.

1. Gabriel Tarde, *La Philosophie pénale*, édition Cujas, 4e éd., p. 256.

Mais notre problème consiste à en préciser le statut. On a cru, dès le départ, ne pas pouvoir l'inscrire parmi les « êtres », puisque formée surtout d'« absence », mais l'anthropologie physique va réussir une double prouesse : elle peut, à partir de presque rien – le reliquat des enjambées – mieux préciser la taille de l'individu recherché, ici, une estimation mesurée ; ensuite, à partir de celle-ci, on parvient à calculer l'ensemble corporel, à quelques centimètres près.

Aussi bien Rollet (*De la mensuration des os longs des membres dans ses rapports avec l'anthropologie, la clinique et la médecine judiciaire*, Lyon, 1988) que Tortarel (*De l'identité établie par l'étude du squelette*, Lyon, 1892) ont appris à réussir ce travail de complétude ; ils nous livrent, à partir de fragments, l'individu dans toutes ses dimensions. La partie contient et révèle le tout.

On saura même le confirmer obliquement : par exemple, à supposer que le délinquant ait écrit sur le mur des mots blessants ou déroutants, voire dessiner on ne sait quel bariolage, nous savons que le graphisme indique le niveau des yeux ; par ce biais, nous pouvons déterminer la taille et nous irons jusqu'à pressentir l'âge du coupable.

Nous retenons qu'avec un seul élément (la simple pression du pied sur la poussière toujours présente) nous pouvons atteindre l'individu ; nous reconstituons l'unité personnalisée – les composants ou les fragments s'appelant les uns les autres.

Une condition, exigée au début semble n'être pas satisfaite – celle de l'insistance telle qu'elle se recommence et se reproduit, mais, avec la marche, les signes se multiplient et même se précisent. Au risque de tomber dans le paradoxe ou la fantaisie, nous disposons ces indices sur notre échelle des êtres, quitte à ne leur offrir que les derniers échelons.

Nous tablons sur la paléontologie pour renforcer notre conclusion : dans *La Peau de chagrin*, Balzac a célébré Cuvier et son projet résurrectionniste : « Notre immortel naturaliste, écrit-il, a reconstruit des mondes avec des os blanchis, a rebâti comme Cadmus des cités avec des dents, a repeuplé mille forêts de tous les mystères de la zoologie avec quelques fragments de houille, a retrouvé des populations de géants dans les pieds d'un mammouth. Il réveille le néant… Soudain, les marbres s'animalisent, la mort se vivifie, le monde se déroule[1]. »

Les fossiles vont nous permettre d'audacieuses reconstitutions des « êtres » disparus : par exemple, à supposer que le système digestif d'un animal lui permette de manger de la viande crue, il faut que ses mâchoires soient constituées en vue de la dévoration, ses griffes afin de saisir sa proie, ses dents pour permettre la lacération, les organes des sens – la vue et l'ouïe – de telle manière qu'il soit avisé de la présence de celui dont il s'emparera. Il n'est aucun organe que je ne puisse déduire, car tous s'accordent les uns aux autres.

De plus, ces fossiles – et parfois quelques ossements en partie brisés – vont nous ouvrir à une pré-connaissance de la doctrine transformatrice (l'évolution lente des espèces) même si Cuvier, le fixiste, ne la partage pas ; nous assistons, en effet, à travers la succession des générations, à de minimes différences qui finissent par de nouvelles espèces, ainsi que l'ont montré aussi bien Geoffroy-Saint-Hilaire que Lamarck. Mais, coup d'éclat de la paléontologie, elle déborde le biologique : à partir de ces restes enfouis dans la terre, elle en induit le climat, la végétation, les paysages des premiers âges de notre Univers. Nous apprenons que les régions froides d'aujourd'hui étaient chaudes et quasi désertiques dans un ultra-passé, ce qui explique, dans nos archives géologiques, la présence des éléphants et des mammouths.

Et plus encore, du fait des mêmes animaux fossiles en Europe, en Asie et dans l'Amérique du Nord, nous sommes enclin à penser que ces pays ou continents ne formaient qu'un seul bloc qui s'est fracturé, d'où la dérive des continents.

1. H. de Balzac, *La Peau de chagrin*, collection de l'Imprimerie Nationale, Paris 1982, p. 59-60.

De même, alors que ces squelettes ont pu servir à imaginer les vivants, leur taille, leurs organes et leur physiologie, ces mêmes fossiles vont permettre la datation des couches géologiques : lorsque des terres éloignées enferment les mêmes reliques, nous en concluons, pour elles, à un même âge. C'est dire à quel point les restes végétaux et animaux nous éclairent. La plupart des théories à venir (le continuisme, le transformisme, la subsidence, la dérive des continents, la datation) sont toutes nées des fossiles.

Nous sommes donc fondés à demander pour les fossiles un statut avantageux, sans même compter que nous éprouvons, en leur présence (un degré d'immortalité) une certaine émotion. Mais reviendra sans doute la même remarque diminutive.

Les ossements ne se régénèrent pas (comme si nous devions laisser le mort avec le mort) : ils se bornent tant bien que mal à subsister ; et encore n'excluons pas un possible émiettement. Mais les miettes témoignent tout autant que le Tout ; grâce à elles, nous reconstituons les ensembles. Le fossile se nomme « un reste », ce qui, par définition, signifie qu'il demeure ; il échappe à la cessation. Nous nous devons, en conséquence, de l'ontologiser.

Nous abordons une question annexe de ce chapitre, tant le problème qui vient prend la suite des précédents, à l'égal de celui que soulevait la poussière : les cendres peuvent-elles prendre place avec les substances reconnues ? L'interrogation s'impose d'autant plus que ce « reste du corps » s'apparente au vestige archéologique, et, bien qu'il ait rejoint le « presque anéantissement », n'enferme-t-il pas encore l'essence quintessenciée de l'individu ?

De nos jours, au lieu de déposer en terre le cadavre, certains préfèrent, pour de nombreuses raisons, le réduire à ses cendres et ainsi lui éviter la putréfaction. Une telle pratique funéraire consiste en une importante réduction volumique que nous devrions privilégier, puisqu'elle conserve dans l'urne ce que le feu a concentré, de là, deux bénéfices – une immuable maintenance (on dépasse ici la phase des seuls ossements) et une préservation définitive. Le sujet se trouve à l'abri d'une seconde mort. La famille et le défunt (s'il a exprimé ses volontés et réclamé une telle fin) ont aussi préféré que le mort entre sans retard dans la phase ultime que tous rejoindront, plutôt que de devoir passer par des étapes particulièrement dépréciées (le lent pourrissement). En outre, puisqu'il n'existe pas de « concessions perpétuelles » dans les cimetières, tous les corps inhumés seront, tôt ou tard, relevés ; ils se perdront dans un complet anonymat, la disparition dans l'entassement. Autant l'anticiper !

Bien d'autres raisons – notamment la recherche de la proximité – expliquent ce rituel : les cendres résiduelles sont enfermées dans une urne, mais cette « res mobilis », selon les termes des juristes, est remise aux particuliers ; elle pourra être facilement logée dans leur appartement ; elle accompagnera même son détenteur dans ses déplacements, tandis que le cimetière (l'inhumation) peut être éloigné et donc rarement visité. Désormais, le lien entre le défunt et les siens en sort revivifié, puisque le disparu demeure présent, à côté de ses proches (la non-séparation).

Certains vont plus loin, dans un moment intense de piété : ils demandent à ce que soient mêlées ultérieurement leurs cendres avec celles de l'un des leurs et ainsi serait vaincue la mort, puisque serait assuré un peu plus que le contact entre les corps – l'union intime et surtout indéfectible, celle que nous ne pourrions pas atteindre dans notre vie (l'abolition de la distance). Mieux, le maître d'un animal domestique (un chien) a souhaité cette fusion entre ses restes et ceux de sa bête (l'éternelle proximité).

Les adversaires de cette pratique cinéraire mettent en avant une objection sans force : à la mort du propriétaire, l'urne, sans véritable statut ni protection, puisque seulement équivalente à un mobilier, se retrouve n'importe où, voire dans des amoncellements d'ordures ménagères. Mais l'inhumation risque aussi de connaître le même sort, celui d'ossements qu'on déterre d'un ancien cimetière (il ne protège qu'un temps) et que rien ne retient.

Un argument de style écologique a encore encouragé la crémation : la loi empêche que les cendres soient répandues partout : outre le columbarium qui peut accueillir l'urne (mais avec ce rassemblement on en revient au cimetière), un espace doit être aménagé – c'est le jardin du souvenir – pour ceux qui veulent restituer à la terre ou plutôt à l'herbe qui la recouvre ce qu'elle ne manquera pas d'incorporer ; songeons aux brûlis régénérateurs ! Il devrait en résulter une sorte de nouvelle vie ou du moins l'union avec les forces de la nature à laquelle on s'identifie. Il est encore possible (et fréquent) qu'on jette les cendres dans la mer ; elles rejoignent les immenses champs de l'univers, elles se fondent en eux, au lieu de se fixer en un point (le tombeau) et ainsi d'entretenir la ségrégation. Par cette dernière procédure – l'immersion dans le tout – il s'agit d'éviter que les restes de la corporéité ne se confondent avec un objet ordinaire, d'autant que le droit ne défend pas ce qui est susceptible de fréquents déplacements et manque à une fixité qui aide à la reconnaissance. Des conflits vont d'ailleurs se lever : à qui, parmi les parents (il suffit d'imaginer une famille recomposée, et l'ancienne qui se heurte à la présente) remettre l'urne ? Il est vrai qu'il a été décidé d'en partager le contenu (deux moitiés, une à chacune des deux) mais, du même coup, on perd l'avantage d'un reste qui échappe à la diminution.

La Cour d'appel de Paris a admis, dans un arrêt du 27 mars 1998 le possible partage des cendres d'un défunt entre sa fille et son épouse, rien ne permettant de considérer comme illégales ces opérations (de partage).

Autre casse-tête proche du précédent : si le défunt n'a pas exprimé son choix, qui décidera des modalités de ce qu'on nomme l'entrée dans « la dernière demeure » ? L'enfouissement ou le feu ?

Nous avons ouvert là un problème difficile, d'autant que la crémation ne cesse de progresser, ce qui la cautionne et lui enlève son côté terrifiant (la violence, l'enfer d'une brutale calcination).

En toute hypothèse, nous sommes philosophiquement hostile à l'incinération ; il est déjà clair que les cendres ont rejoint le degré zéro du réel ; avec elles a été abolie la substantialité ; désormais, il ne sera plus possible d'identifier le cadavre. Parfois, c'est ce qui est recherché : le sujet a tellement souffert de sa maladie (à tel point qu'il en blâme son corps et comme si celui-ci l'avait trahi, méritant alors une sanction) et de son isolement, qu'il entend quitter la société, entrer dans un anéantissement définitif, immédiat et vengeur.

Cette complète destruction du corps, réduit à presque rien, lui enlève son côté testimonial (traces, marques, cicatrices, balafres, rides), ainsi que le centre directionnel qui l'organisait (l'ADN gouvernant le fonctionnement cellulaire, ce qui permet le plus sûrement l'identification du cadavre), de telle manière que nous sommes privés de toute possibilité de connaissance et de reconnaissance. Et ne comptons pas sur le Phénix de la mythologie, qui renaissait de la braise et de ses cendres !

Le corps, pour le médecin légiste, appelé à l'examiner, entre, avec la mort, dans une longue période intermédiaire pendant laquelle il se décompose peu à peu, mais il continue à « exister », les os résisteront même à un anéantissement complet. Il s'agit d'un long cheminement qu'il convient de respecter. La profanation d'une tombe (bien que sans vraie conséquence) croit briser cette ultime maintenance ; elle entend désacraliser le corps ; elle vise une sorte de seconde mort, mais elle y réussit d'autant moins qu'elle donne à l'homme mort un peu plus d'importance ; ce geste tente d'annuler ce qu'elle ne rend que plus présent.

Signalons que, pour éviter que le cadavre ne doive être « déterré » et même privé de son immobilité, le laboratoire de médecine légale ou, mieux, le Centre de l'identité judiciaire ne manque pas de le photographier sous tous les angles. Jadis, dans une affaire un peu compliquée, il avait été conclu que le sujet s'était suicidé, puisqu'il serrait sur lui l'arme avec laquelle lui-même s'était tué ; la trajectoire suivie par la balle correspondait à la distance et à l'attitude du suicidant, au moment du coup de feu. Mais la défense, lors du procès, eut beau jeu de soutenir que le criminel avait organisé cette mise en scène ; tout avait été maquillé pour tromper. Il fallut revenir à l'examen du cadavre afin de mieux comprendre la manière dont le crime avait été commis. On devine combien il est insupportable de procéder à la remontée puis à la descente, de nouveau, dans la terre.

Et pourquoi soutenons-nous avec force l'inhumation ? Déjà, nous savons que les cendres de la crémation se situent au plus bas de notre échelle des êtres ; à l'inverse, le corps mort que la terre entoure et protège n'appelle pas une décision quant au dispositif funéraire, pour des raisons personnelles ou extrinsèques (religieuses, écologiques, hygiéniques, affectives, etc.) mais nous le respectons en raison de sa complexité et de son aspect archivistique ; nous lui évitons, en conséquence, le supplice du feu. Il a été aussi « le temple de l'âme » qui l'habitait et lui-même, par un juste retour, lui a prêté ses ressources (la psycho-motricité).

Assurément, il est une issue ou une solution supérieure encore, à ce drame socio-juridique ; nous l'évoquons d'un mot (elle concerne la relation vie et mort). Le chirurgien peut prélever sur celui qui est entré dans l'agonie ou qui vient à l'instant de mourir un organe (à l'exception du cerveau) grâce auquel un autre malade, dans l'attente d'une greffe, pourra revenir à la vie. Ici, le corps mort n'ira pas entier dans sa tombe. Ce corps-donateur n'en devient pas un ensemble d'organes qu'on transplanterait (une pratique végétale) mais il assure la communion des corps, une vraie communauté.

La corporéité, renaissant dans un autre, non seulement réussit à échapper à la fin qui déjà survenait, mais dépasse le simple contact qu'assurait la crémation (le mélange des cendres qui s'additionnent mais ne se fondent pas les unes dans les autres), puisqu'elle parvient à l'intégration ; le corps de l'animal ne pourra pas prétendre à cette thérapie, d'autant qu'il relève d'une culture dans laquelle domine le carnivore. L'opération unitaire (la transplantation) suppose, en effet, un proche de celui qu'elle sauve de la mort. Sans tabler sur cette extrémité, l'inhumation, qui avantage la terre protectrice, accorde une seconde vie au défunt (administrative, civile, affective, ritualisée, symbolique) qui mérite, en conséquence, parce que témoin d'un passé personnel, d'entrer dans notre ontologie minimale. Le fait d'avoir été empêche que nous puissions être, au moment où nous cessons de vivre. Mais l'être ou du moins ce qui en reste ne meurt pas (il persévère dans son être) : il est devenu une « dépouille » – un terme qui signifie qu'il a renoncé à ce qui le recouvrait et comme s'il devenait lui-même.

Il pourrait nous être opposé que le corps mort ne saurait se reproduire, afin de se prolonger – condition expresse pour obtenir notre consécration mais le travail du deuil, qui débute dès la cérémonie des obsèques, consiste à entretenir le souvenir du mort (l'opposition à l'extinction). Les proches gardent la mémoire ; par là est assurée une certaine reconduction, au nom de quoi est remplie la condition fixée et exigée dans nos premières définitions.

Le corps peut revendiquer le haut de notre échelle, en raison de son unité, bien que multiple et soumis au temps comme à l'espace qui tous deux l'exposent à l'extériorité et donc à l'effacement de son autonomie. Mais nous lui accordons le sommet de l'échelle parce que, si notre philosophie nous a poussé à matérialiser l'esprit (le langage y pourvoit), nous tenons corrélativement à spiritualiser le corps et à la soustraire à la simple facticité. Et encore que mort, il abrite des traces de son statut comme de son passé. Quant aux restes du four crématoire, ils ont perdu les indices qui permettaient l'individualisation ; le feu a entraîné la violence d'une abolition ; et la possible entrée dans le tout de la nature tient du leurre, puisque l'on a commencé par détruire et donc obtenir des scories. Nous les avons donc éliminées de notre métaphysique et même les avons reléguées en dehors de notre échelle du substantiel.

Annexe

Nous ajoutons deux textes opposés, l'un d'un zélateur du feu et des cendres, l'autre qui défend avec passion l'inhumation, ainsi que la place des cimetières au centre de la Cité.

D'un côté, l'artiste proclame même que « mes tableaux ne sont que les cendres de mon art ». Il associe l'activité de la flamme et l'immanence de la cendre. Un critique devait ajouter : « Certes, la cendre est signe de pénitence et de deuil, dans l'Apocalypse et dans la Bible… Job dit que l'homme est cendre et retournera en cendre. Yves Klein prend en compte tous ces témoignages d'humiliation mais il assume en même temps le côté fécondant de la cendre. En Inde, où l'on pratique à la fois l'incinération des défunts et la mort volontaire par le feu, il existe aussi la coutume paysanne du *jooming* : la cendre éparpillée sur la terre favorise les récoltes. Et la cendre en fait contient ce qu'il y a de plus précieux, de plus mystérieux dans la vie[1]. » Mais si la cendre fertilise, ne mérite-t-elle pas d'entrer dans la pratique artistique et, plus généralement, dans le substantiel ? Bien qu'apparemment morte, elle régénère les vivants.

1. P. Restany, *Le Feu au cœur du vide*, La Différence, 2000, p. 42-43.

Nous l'avons refusée, parce que la crémation pousse si loin l'anéantissement que les reliquats corporels ont perdu leur puissance vivifiante, ainsi que leur possibilité informationnelle. Une sorte de seconde mort s'ajoute à la première.

D'un autre côté, opposé à l'artiste, un philosophe (Auguste Comte) a plaidé avec passion pour la seule inhumation. Il a même cru à une certaine immortalité ; pour lui, le cérébral peut être transféré et reçu par un autre cerveau : « Les âmes de tous les pays peuvent siéger simultanément dans un même cerveau et, inversement, chaque âme dans plusieurs cerveaux. » Les morts échappent aux limites du temps et de l'espace. Nous ne prenons pas les affirmations de Comte dans leur sens littéral ; nous les interprétons : le cadavre, confié à la terre, incite à se souvenir de lui, à conserver sa mémoire à travers le cerveau de ceux qui lui rendent visite et par là même, maintiennent sa place dans le Grand Être (l'Humanité).

Problème greffé sur le précédent[1], nous allons jusqu'à déplorer que les sociétés, pour des raisons fallacieuses d'hygiène ou d'un manque d'espace, repoussent le plus loin d'elles les cimetières, alors que ceux-ci devraient se situer dans la Cité. Auguste Comte, ennemi d'un tel refoulement, s'attarde sur l'obligation « de transférer solennellement les nobles restes, au Bois Sacré, qui doit entourer chaque temple de l'humanité. Par là commence un culte positif, à la fois personnel et social, devant la sainte tombe, ornée d'une simple inscription, d'un buste ou d'une statue, suivant le degré de chaque glorification »[2].

On invoquera, en faveur de l'éloignement, favorable à l'oubli et au rejet, qu'il vaudrait mieux se soucier de loger les vivants, plutôt que de réserver une place aux morts. Mais déjà le cimetière décongestionne le Centre qui, en l'absence de constructions, s'ornera d'arbres. Et surtout on notera que les Institutions ainsi que

1. Nous nous inspirons des belles analyses du positivisme de J.-F. Braunstein.
2. *Système de Politique positive ou Traité de Sociologie*, Paris, 1854, t. IV p. 130.

les activités collectives (religieuses, administratives, festives) gagnent à être regroupées et d'accès facile. Enfin, la religion positiviste n'a pas ignoré que la société est composée plus par les morts que par les vivants. Le culte d'importance dû aux grands hommes le prouve. Ne disons plus qu'il revient aux morts d'enterrer les morts, parce que la vie des morts conditionne celle de la communauté.

Chapitre IV

Le minimalisme ou le secours de l'art contemporain

La médecine judiciaire, ainsi que la paléontologie viennent de nous aider, du fait que l'être s'exprime dans ses plus minimes fragments (la particule, bien que détachée le plus souvent du « tout », le contient ; et nous apprenons à lire celui-ci dans celle-là). La peinture contemporaine est appelée à nous rendre un service voisin.

Un malintentionné estimera que nous tournons alors à tous les vents, comme le coq au-dessus de son clocher, pour parodier Diderot, mais qu'on songe seulement à l'un des penseurs parmi les plus systématiques, Kant, tenu pour le modèle même du spéculatif ; il n'en a pas moins examiné des questions aussi excentriques que « les maux de tête » ou encore « Qu'est-ce qu'un livre ? ». Il traverse l'esthétique, le droit, la morale, la vie économique et politique, sans oublier la science et même toutes les sciences (mathématiques et biologie) ainsi que nos catégories. Et il n'est pas le seul dans ce cas, bien au contraire.

Pour nous, la philosophie consiste justement à faire du feu avec tous les bois ; elle ne se ferme pas sur elle et tente d'envisager l'ensemble ; elle commence le plus souvent par la pluralité. Ne blâmons pas, au nom d'un prétendu éclatement, ceux qui se risquent à circuler en dehors de leur champ premier. Nous rappelons notre double problème, qui nous oblige à explorer « l'ailleurs » : a) Quelle signification (physique et métaphysique) accorder au minime, à peine perceptible, et au délabré, car les particules peuvent provenir de blocs qui se délitent ou, plus simplement, d'un passage qui marque ce sur quoi on s'est appuyé (la tracéologie) ? b) Au-delà de cette question, quel statut ontologique admettre pour ces fragments ? Les situerons-nous parmi l'accidentel ou le substantiel ?

Un autre reproche nous sera sans doute adressé : nous semblons nous satisfaire d'une discipline qui observe, s'en tenant même aux fragments et au corpusculaire. Nous donnons dans un empirisme de la dispersion et de l'éclatement. Nous ne pouvons en attendre des résultats, faute de trop favoriser les miettes, le mort et surtout d'avoir ignoré les procédures démonstratives (seule compterait la monstration).

Mais la vérification et surtout la nouveauté théorique se bornent souvent à entrer dans un autre monde, ce qui nous aide par là même à mieux comprendre le nôtre et à rectifier nos vues sur lui. Il nous parait juste de dénoncer ceux qui s'arrêtent aux volumes et au compact ; ils n'accueillent pas le pratiquement imperceptible – le granulé, l'infime – tous ceux que la technoscience en mouvement ne cesse de reconnaître et d'interroger (l'informatique, les nanotechniques, la micro-électronique).

Reviendra encore la demi-critique à laquelle nous avons déjà répondu : avec quelle intention entrer dans de pareilles questions ? Nous croyons indispensable que le philosophe connaisse notre monde, dans ses moindres recoins, qu'il réussisse à s'y attacher et ne donne pas dans une sorte d'étherisation, au nom de laquelle il se croirait supérieur à ceux qui n'ont pas quitté la caverne.

Nous ne pouvons pas nous dispenser d'en appeler à l'art du minimal, pour lequel « le moins équivaut à un plus ». Il est vrai aussi qu'avec cet art américain, illustré par André, Judd, Lewitt, Morris, etc., nous quittons la ligne droite de notre discussion ; nous empruntons un chemin latéral. De plus, nous prenons le terme définitionnel de cette École (le minimalisme) dans un sens large, à tel point que nous enrôlerons, çà et là, des artistes qui n'appartiennent pas à ce courant mais qui ont su célébrer le parcellaire et le simplement granulaire, loin de la « belle Totalité ». La minimalité, en conséquence, ne se loge pas toujours au même endroit : alors que nous l'avions placée dans la minceur et le délaissé, avec de nombreux peintres elle portera moins sur le matériau que sur un déplacement de sa signification ; nous évoquerons cependant leurs œuvres, puisqu'il faut faire flèche de tout bois.

Il faudra éviter le « beaucoup », enserré ou contenu dans le moins, parce qu'on aboutirait à une forme d'abondance (la concentration). L'artiste devra aussi renoncer à un « moins » inscrit dans le plus, parce que nous ressentirions à l'excès le vide ou l'absence. Il faut, par d'autres moyens et, en vue de la création, réussir un moins dans un moins, adapté au précédent – une sorte de rapetissement libérateur de la surcharge, de la théâtralité et d'un illusionnisme.

Nous continuons d'ailleurs à concevoir l'art en général comme une physique exploratrice et métaphysique, qui s'adonne à des modifications telles qu'elles nous découvrent un monde inconnu. Nous l'avons déjà insinué par un bref commentaire sur « la goutte d'eau » retenue par l'eau même qu'elle est en train de quitter ; nous pourrions tabler sur des principes généraux – la mouillabilité, la concentration, la diminution, l'extension, la filtration, la dilution, tel un colorant qui se répand également, dans un liquide ou sur une surface rétive, malgré son très faible volume (la diffusion). La moindre parcelle nous surprend et va jusqu'à nous ravir, tant elle favorise les expérimentations ; elle enferme en elle une énergie favorable à son déploiement ; elle réussit l'imprégnation et donc la transmission, assurant par elle sa présence. C'est dans la *Monadologie* de Leibniz, déjà évoquée, que nous trouvons de quoi comprendre les bénéfices de cette descente dans les arcanes de la petitesse ou de la dilution qui cependant n'entame pas la solidité de la substance. « Chaque portion de la matière peut être conçue comme un jardin plein de plantes et comme un étang plein de poissons, mais chaque rameau de la plante et chaque membre de l'animal, chaque goutte de ses humeurs est encore un tel jardin ou un tel étang » (§ 67). Nous en retenons une infinitisation à l'intérieur du moindre fragment, ce qui plaide en faveur de la valorisation de ce qui paraissait diminué ou du moins affaibli.

Nous illustrons cette opération paradoxale (à la limite un moins qui est encore trop) par une brève évocation de la réussite d'une œuvre d'art, souvent mal interprétée : une toile expose sur toute sa surface, un bleu intense, non pas un bleu atmosphérique ou céleste mais assombri, ouvertement, explicitement charnel (la preuve en est qu'on en badigeonnera des femmes nues, qui dorénavant le serviront). Il s'agit d'une minimalisation, sans rapport avec l'École d'art américaine, celle de l'art minimal : n'est donnée à voir qu'une seule couleur, sans la moindre figuration ou accompagnement, sans même un châssis qui l'encadrerait. Précédemment, la couleur avait été répandue dans un fluide (un croisement), ici, elle s'étend sur l'ensemble d'un support solide. Elle réalise le même effet, une rigoureuse homogénéisation. Un tel monochrome libère ce qui a toujours été vassalisé, la pure matérialité dans une de ses possibilités – un recouvrement sans la moindre faille, en même temps qu'une franche défocalisation. S'esquisse ici un art ouvertement « hylique » et non pas, comme on aurait pu le croire, un art « pneumatique ».

Yves Klein ne s'inspire pas de Malévitch, de son célèbre « Carré blanc sur un fond blanc » (1918) et encore moins de son « Carré noir sur un fond blanc » (1913), en dépit d'une certaine similitude, mais l'artiste suprématiste vise à rejoindre l'infigurable. Le tableau du carré blanc repose sur une dualité latente, autant que frêle : on part de l'à peine perceptible (le carré qu'on abandonne ensuite pour plonger dans l'immensité du vide). Le carré singulièrement émoussé amorce ce qui va suivre – le quasi-rien, la disparition, le renoncement à notre monde. Nous ne pouvons aller que d'un moins à un ultra-moins, sans que nous puissions suivre le chemin inverse, la remontée vers le sensible, dans la mesure où celui-ci a déjà été nettement atmosphérisé. Le peintre se dégage de « l'ici bas » afin de rejoindre l'absolu (le *deus absconditus*). Klein suit une démarche rigoureusement opposée. « Un tableau ordinaire, comme on le comprend dans sa manière générale, est pour moi comme une fenêtre de prison dont les lignes, les contours, les formes et la composition sont déterminés par les barreaux. Pour moi, les lignes concrétisent notre état de mortels, notre vie affective, notre raisonnement, jusqu'à notre spiritualité. Elles sont notre squelette ; elles sont nos faiblesses, nos désirs, nos facultés et nos artifices[1]. »

Nous sommes ici arrêté par une couleur qui vient de changer de rôle ; elle se met à exister pour elle-même, pour elle seule, sans le dessein d'embellir ou d'orner ce qu'elle nous donne à voir ; pour la première fois sans doute, elle ne cherche plus à signaler quoi que ce soit et à le singulariser. Et ce bleu également réparti correspond à un recouvrement réussi, alors que, dans la nature, sont multipliés les écarts, les dénivellations ou les accumulations, aussi bien le hérissement que l'atténuation. Ici, on est parvenu à une exacte congruence. Est même amorcée, indirectement, une discipline chargée d'examiner toutes les modalités de la superposition.

Nous croyons trouver, à travers ce seul bleu, une illustration du post-minimaliste au sens large. Klein, à l'instar du minimalisme, n'a plus besoin du pléthorique ou d'une prolifération qui

1. « Ma position dans le combat entre la ligne et la couleur », Yves Klein, École nationale supérieure des Beaux-Arts, mars 2003, p. 49.

étourdit : à quoi bon l'intensité des bouquets et des fêtes, ou encore la procession des personnages ? Il convient de s'en tenir à l'essentiel ; à l'opposé de l'académisme, on célébrera l'ultra-mince, le banal et aussi le délaissé, on sortira aussi la couleur de son rôle subalterne. Yves Klein, par exemple (bien que d'une autre école que celle des minimalistes) a été tenté par la simple empreinte – une extrême réduction qui frôle la disparition (dans ses *Anthropométries*). Le Plasticien, en conséquence, enduit de peinture – bleue assurément – les corps nus de danseurs et de danseuses ; tous sont ensuite plaqués sur un support de papier – sorte d'écran. Et du fait de l'inégalité des plans de l'organisme ou de l'irrégularité des volumes corporels, la performance ne donnera que des taches fragmentées, souvent nuageuses.

Quel mobile a pu inspirer cette surimpression ? En dehors de ce qu'avancent les critiques d'art, nous retiendrons celle-ci : se délivrer d'un résultat homogène, entier, compact et unitaire qui prévaut. Ne subsistera qu'un essentiel (l'ineffaçable). On avait déjà délivré la couleur, il nous faut nous délivrer de nos habitudes perceptives, trop inféodées à la massivivité des volumes et à leurs adhérences.

Nous pourrions enrôler des artistes moins connus de l'École de Paris, Jean Degottex (les papiers brûlés, le ténu), Jean Messagier (l'atmosphérique, celui qui laisse s'envoler des sculptures en forme de ballons), Martin Barré (la peinture désencombrée du volume et même de la forme). Et bien d'autres s'en tiennent au fantomal, au léger, à l'essentiel et au minime. À lui seul, l'art nous aide à entrer dans un autre monde, à l'opposé de celui qui s'impose trop et qui nous cache le précédent.

Nous ne multiplierons pas les références aux Œuvres, nous bornant à l'examen de deux artistes, susceptibles de fortifier notre commentaire – un minimaliste malgré lui et bien qu'il ne se désigne pas par là – et un adepte de cette École ; nous y ajouterons quelques mots sur l'*Arte Povera*, tant ce dernier convient à notre développement (la glorification parallèle du démodé et même du sale).

Nous commençons par l'artiste le plus proche de nos remarques, celui qui les cautionne ; nous cherchons moins à rappeler la trajectoire de sa création ou sa constante évolution qu'à entendre la réponse qu'il donne aux questions que nous nous posons. C'est ainsi que Dubuffet va jusqu'à aborder frontalement le problème, à ses yeux essentiel, de l'ontologisation. En voici une illustration avec cette citation déjà « utilisée » : « Est-ce que l'ombre du promeneur est un être comme l'est le promeneur lui-même, est-ce que le pas du promeneur, est-ce que sa promenade sont des êtres ? Où commence-t-on, où finit-on de bénéficier du nom d'être ?[1] » Nul ne s'étonnera que l'artiste se centre sur l'empreinte, la poussière, les indices ; il va jusqu'à soutenir un projet explicitement tracéologique. Mais la question de l'être le taraude, elle s'avère d'autant plus difficile qu'il refuse les critères traditionnels et refuse de séparer l'être du non-être : lorsque celui-ci ne se mêle pas à celui-là, il faut le concevoir comme immobile et sans vie ; ce qui se replie sur soi, en vue de sa préservation, s'exclut de l'être ; seule l'union des deux antagonistes mérite de nous retenir, à l'opposé de la conception classique, la plus admise. « L'individuation, qui est communément regardée comme un accroissement de l'être, apparaît, au contraire, vue dans cette optique, un appauvrissement… Dans les esprits plus neufs, moins endoctrinés, on trouve à l'opposé une défiance à l'égard de l'individuation, une crainte qu'étant peut-être un enrichissement par un bout, elle soit par l'autre une grave perte, et elle est plutôt tenue pour valeur négative[2]. » Mais comment « un caillou, la roche, un grain de sable, la

1. Jean Dubuffet, *L'Homme du commun à l'ouvrage*, Idées, Gallimard, 1973, p. 249.
2. *Ibid.*, p. 138.

montagne même », tous ouvertement évoqués et sacralisés, peuvent-ils être tenus pour des êtres véritables ?

Le point de vue de Dubuffet tient ici en une double assertion programmatique, telle qu'elle filtre à travers ses propres commentaires (dans *Texturologies*, *Les Pierres philosophiques*, *Les Terres radieuses*, *Sols et terrains*, *Pâtes battues*, etc.) :

a) Le moindre grain – donc le minuscule, le découpé, l'alvéolaire enferment en eux une micro-féérie, pour qui sait les accueillir et les examiner. Déjà le plus est dans le moins.

b) Il n'est pas difficile de repérer en eux l'indispensable non-être, car ils ont été usés, ou même écrasés ou du moins marqués par les drames de l'Univers. De leur manque s'induit le reste. En revanche, on conçoit que la compacité, l'entièreté constituent un obstacle dirimant à une entrée dans le véritablement substantiel. Les minéraux (à l'inverse des matériaux dits nobles, tel le marbre) nous arrivent déchiquetés ou en voie d'extinction, mais une telle non-détermination, l'indécision qui en résulte, le repoussant éventuel (le laid, pour Dubuffet dépasse ce qu'on entend par le beau à proscrire) ne renvoient plus à une suppression ou à une disparition mais à des excès d'énergie, à une richesse interne. En somme, la carapace, celle qui nous cachait la violence ou la dramatisation, a été brisée ; en conséquence, nous pouvons entrer dans la substantialité, alors que, dans la vie ordinaire, le partiel est traité comme une absence, une diminution. Dubuffet célèbre le fourmillement, l'animation. Ainsi, le tourbillon de la rivière qui se produit en un point où la profondeur est la plus faible nous vaut, selon lui, un « être parmi les plus caractéristiques », dans la mesure où une forme commence à s'esquisser mais est aussitôt annulée ; il en va de même pour la vague au grand large de la mer. Dubuffet commente aussi les marques laissées sur le sable par les pieds nus (les traces) et il va jusqu'à reconnaître, pour les mêmes raisons, l'importance d'une science des fossiles. Rien n'y manque et jusqu'à un constant appel à une métaphysique qui viendra élargir ce que la physique première et élémentaire nous aura livré.

Nous rappelons que Dubuffet appelle de ses vœux, lui aussi, comme le philosophe des *Intuitions atomistiques*, une « métaphysique de la poussière » ; il entonne, lui encore (à la manière de Francis Ponge) l'éloge de la boue, du sale (et donc rejeté, mais il n'est rien de plus précieux qu'une tache – sa nature, ses dimensions, son étalement – ; non seulement elle témoigne de l'adhérence d'une substance à une autre mais, de plus, elle indique aussi une circonstance du passé, un antécédent ; plus que jamais l'actuel et le disparu ne font qu'un, ou encore le présent et l'absent). « J'aime le peu, écrit Dubuffet, j'aime aussi l'embryonnaire, le mal façonné, l'imparfait, le mêlé[1]. »

Mais l'essentiel de l'œuvre de Dubuffet, au cours de la période que nous retenons – par la suite, il explorera un autre champ, ce qui nous vaudra le Cycle dit de l'*Hourloupe* : il usera alors du plastique, en raison de son potentiel mousseux et frémissant, non moins extensible à souhait –, va consister en un travail exécuté dans son atelier – son Laboratoire – où il s'agit d'expérimenter. Nous nous réjouissons d'un pareil élargissement, d'autant que l'artiste n'hésite pas à voir dans la création un équivalent de la manipulation physique ; comptent le faire, l'exploration, la réalisation ; il faut ensuite laisser parler les choses, d'où l'obligation d'une attitude acheiropoiétique. Aussi le peintre en bâtiment, qui malaxe les ingrédients, s'avère plus proche de l'artiste véritable que de celui qui en est resté aux fioritures, au coloriage et au décor. Il est même soutenu que le tracé du talon sur la terre définissait la première réussite, l'origine de l'art ; la tracéologie en sort fondée et renforcée.

L'expérimentation de Dubuffet comporte quatre temps : d'abord, l'artiste s'emploie à récolter le plus inattendu, les immondices, les débris de toute nature qu'il ramasse aux Halles de

1. Jean Dubuffet, *L'Homme du commun à l'ouvrage*, *op. cit.*, p. 234.

Paris, puis les bouts de ficelle, les chutes de tissu, les balayures recueillies dans la chambre de couture de sa femme ; le tout sera mêlé à la poussière, comme il se doit ; Dubuffet y ajoutera du sel fin, du sucre en poudre, de la semoule, du tapioca, tout un ensemble granulaire ; nous comprenons cette attirance, cette propension pour le pulvérisé parce déjà est engagé le mouvement de libération par rapport à la forme et à l'enveloppe. Second temps, après avoir broyé ces restes rassemblés, il verse sur eux de l'encre qui se répand sur la table ou un support solide ; il y mêle un peu d'eau et obtient une sauce noirâtre. Précédemment, l'artiste se bornait à opérer ce qui lui était offert – l'émietté, l'apparemment intact (le caillou) ; désormais, Dubuffet, dans son atelier, s'attaque au matériau, enseveli sous sa forme, afin de lui retirer son « être ». Troisième temps, il plaque sur cette surface encrée un papier spécial susceptible d'aspirer ce que recèle le concassé. Quatrième temps, Dubuffet juge d'un simple coup d'œil les résultats ; il doit évaluer très vite, tant l'encre sèche et diminue au fur et à mesure des opérations ; il rejette le trop reproductif, il ne conservera que le somptueux et le féerique.

Il s'agit d'un exercice de tamponnement, afin qu'une substance parvienne à l'adhérence momentanée avec une pâte (une bouillie) et réussisse à lui prendre ce qu'elle détenait et même protégeait. Nous voyons là un rapt, et non pas une opération purement restitutive, quasi photographique ou mieux lithographique qui redoublerait simplement ce qu'elle aurait mécaniquement incorporé ; en effet, l'image finale ne doit pas restituer ce qu'elle aura relevé (grâce à la fusion première) ; mais comment empêcher la duplication ?

« On est amené à penser à la pierre lithographique, mais celle-ci – ajoute Dubuffet – quelle idiote ! Quelle pierre perroquet ! au lieu qu'ici c'est plus vivant[1]. »

1. Jean Dubuffet, *L'Homme du commun à l'ouvrage*, *op. cit.*, p. 248.

Mais comment déjouer ce risque du restitutif ? Justement, Dubuffet ne cessera pas de varier l'exercice inter-substantiel et d'en complexifier le déroulement. Et il commentera ces manipulations qu'il a lui-même qualifiées de philosophiques, sinon de poétiques, mais, ajoute-t-il, « c'est la même chose, la philosophie n'ayant jamais été que de la poésie aux pieds lourds »[1]. Il reste attaché à un art conçu comme celui qui se livre à des modifications matérialisantes, parfois minimes mais toutes susceptibles de nous délivrer un Univers que nous ne soupçonnions pas.

D'abord, Dubuffet, par la suite, va recourir à des débris encore plus hétéroclites ; il tient à accentuer l'hétérogénéité, parce que, par là, il favorise les décloisonnements ; il intensifie les commutations des uns dans les autres (partout nous assistons à la guerre livrée à la « forme »). Puis, au moment de gestes opératoires, il modifie la pression exercée soit par une seule main, soit par les deux ; c'est qu'il tient à s'assurer d'un résultat en demi-teinte, tant il se méfie de la précision qui appauvrit les évocations ; il en revient ici à l'obligation de croiser l'être avec le non-être (inséparables). Vers la fin, il imprègne le papier lui-même (ce qui facilitera la prise) une fois en long, une autre fois en travers. Il lui arrive aussi de superposer plusieurs empreintes, dans l'espoir de favoriser quelque peu le fourmillement, l'équivoque aussi, la profusion. Une véritable bataille oppose le récepteur, avec son énergie d'aspiration, susceptible de capter « l'âme de la chose » et cette dernière qui résiste, se ferme ; la planche, de son côté, retient. C'est pourquoi Dubuffet remplacera vite le papier un peu glacé et froid par le journal qu'il froisse, qu'il barbouille même, afin qu'il puisse surprendre et prendre la scène liquidienne.

Il nous faut un récepteur-aspirateur ni trop rétif, ni trop « buveur », tant il importe que nous en arrivions à des effets « pâles », avec des plages d'indécision. « Cher papier journal. C'est

1. Jean Dubuffet, *L'Homme du commun à l'ouvrage*, *op. cit.*, p. 248.

un matériau que j'affectionne, il est commun et sans valeur, il a ses quartiers de noblesse dans le haut lignage du Commun, il est baron du Méprisé. Entêté ! Il est entêté… Il est infatigable[1]. » Et Dubuffet ajoute que « chaque papier a son humeur propre et quelquefois se montre plus ou moins disposé à seconder mon entreprise. J'ai employé des papiers de grand prix "Rien n'égale le journal" » ; et Dubuffet le chiffonne en boule et s'arrange pour le plisser, d'autant mieux que, peu résistant, il se prête à toutes les déformations. Et il ne « boit » pas trop ; « ceux qui se comportent comme grossiers, goinfres ne valent rien ! »

Nous avons tenu à exposer l'essentiel de la pratique artistique de Dubuffet ne pouvant pas éviter d'en appeler à son Œuvre, à ses explications, tant elles devraient consolider nos conclusions, sans lui, difficiles à proposer. Toutes nos remarques bénéficient de son soutien (indirect) ; il ira jusqu'à commenter le retard à tomber de la goutte d'eau, voyant là un micro-drame physico-métaphysique.

La thèse centrale veut que l'ultra-mince, mieux, le moléculaire et surtout le fangeux (ce qui descend la pente de la destruction, direction favorable dans la mesure où il s'évade de la carapace qui l'abritait et le dissimulait) contiennent en eux les drames de notre Monde. Dans le petit se loge l'immense, l'art qui le montre et le prouve en résulte, et non moins la science expérimentale, la tracélologie en tête, qui gagne à ne rien exclure et qui progresse lorsqu'elle refuse les séparations.

Si, en règle générale, la partie s'encastre dans le tout auquel elle appartient, l'inverse compte davantage : le tout alors s'inclut dans la partie et c'est pourquoi celle-ci conjugue, comme il se doit, l'être et le non-être ; en effet, la partie s'harmonise si bien avec le tout qu'elle continue de l'indiquer en pointillé, à travers le positif de sa privation. C'est ce que nous tenions à mettre en évidence, en dépit de l'allure paradoxale d'une telle conclusion,

1. Jean Dubuffet, *L'Homme du commun à l'ouvrage*, *op. cit.*, p. 234.

c'est aussi ce qui valorise un tel medium, la partie qui renvoie à ce tout dont elle a été détachée.

Nul ne comprendrait l'absence, dans notre texte, d'une référence à l'art dit minimaliste, puisqu'il se propose de sculpter ou de peindre avec le moins de moyens pour le plus d'effets possibles. Il pourrait illustrer la formule passe-partout « *Small is beautiful* », encore qu'elle ne corresponde pas à son projet, tant il écarte l'idée révolue de beauté.

Cet art élimine l'anecdote, la prolifération (alors que Dubuffet la recherchait) il va jusqu'à rompre avec la tradition qui distinguait les sculptures et les peintures, il les confond, encore que la sculpture ait pris le pas sur la peinture ; il cherche à nous offrir préférentiellement des objets ou les assemblages qui eux-mêmes obéissent à des structures premières, de là, ces mots qui le désignent, l'ABC Art, ou Systemic Painting, ou Primary Structures.

Nous nous attacherons à un seul de ses représentants – Carl André – car un seul mieux compris vaut mieux que plusieurs rapidement évoqués, attendu que tous ont eu recours aux mêmes procédures. Nous insisterons sur quatre d'entre elles, sans perdre de vue l'avantage de notre bref examen – mettre en relief la richesse du moins, un authentique renversement.

D'abord, Carl André, comme les autres, avantage, dans sa construction, la répétition du même – la sérialité ; de là, des plaques égales (parfois de nature différente, puisque d'acier et d'aluminium), rectangulaires, posées les unes à côté des autres, un quadrillage géométrisé. Autre possibilité : quatre cubes rigoureusement semblables, alignés, eux aussi, mais chaque face de chacun d'eux, bien qu'identique par sa taille, sa forme, sa couleur n'est cependant pas vue au même moment de la même manière ; tout va dépendre de la place du spectateur-acteur, ou de la lumière, de l'angle du regard, ce qui individualise les éléments.

Nous ne doutons pas de la leçon : dans l'égal peut scintiller la différence, ou encore, le même, poussé à l'extrême, enfante de l'indépendance et de la diversité. On aurait pu croire l'artiste enfermé dans la platitude du recommencement alors que vont naître de subtiles, d'infimes modifications. En principe, pour y réussir, une réalisation ne compte pas plus de deux constituants (le moins) soumis eux-mêmes à une confirmation de nature géométrique (des dispositions simples, tels le carré, le rectangle, voire le cube, la boîte). Domine toujours le rectilinéaire, loin des boucles et des courbes. La rondeur implique le retour sur soi, la fermeture, donc une relative insubordination, tandis que la ligne droite se perd dans l'indéfini d'elle-même et surtout dans la stricte horizontalité.

Carl André s'illustrera par sa critique de la verticalité. « Je ne fais que poser la Colonne sans fin de Brancusi à même le sol, au lieu de la dresser vers le ciel. » Éloignons toute référence à un ailleurs, évitons ce qui rappellerait la transcendance, ne quittons pas le principe souverain : le maximum de résultats avec le minimum de moyens.

Les matériaux utilisés frappent par leur robustesse et surtout leur insignifiance : ils sont achetés tous faits, ils sont produits industriellement. Lorsque Carl André se sert du bois, il ne renonce pas à l'austérité (toujours l'emporte l'économie des matériaux), il puise dans une forêt des résineux anciens, particulièrement résistants ; il ne tardera pas à les remplacer par des plastiques comme le styroform. Tous revêtent des formes simples et ont été élus en raison de leur lisséité, de leur homogénéité et de leur teneur creuse ; on s'écarte de ce qui pourrait originaliser ou distinguer. Est recherché le dénuement, parce que, grâce à lui, nous accéderons au fondamental, aux arrangements premiers et donc fondateurs, ce que nous cachait le trop plein ou l'abondance festive.

Les artistes – dont Carl André – ont exclu d'agrafer les uns aux autres les matériaux standardisés (la composition modulaire, mais privée de tout ce qui pourrait solidariser). Les unités sont simplement placées les unes à côté des autres puisque n'est plus recherchée l'unité qui entraînerait la valorisation de certaines ou les prémisses d'une hiérarchie car l'emporterait celle dont les autres dépendraient.

Ainsi, les poutres (deux horizontales soutenues par trois verticales) sont simplement posées sur celles d'en-dessous, parce que la masse ou la gravité suffisent pour assurer la solidité de cette architecture élémentaire. Cet art découvre des volumes mis à nu, poussés jusqu'à leur pureté formelle. Et nous continuons à obtenir l'essentiel (le seul soutien des uns par les autres qui, au lieu de nous valoir un mur, nous ouvre un passage) mais à la condition de transiter par le plus démuni.

Le minimalisme a été jusqu'à abaisser le référent optique, au nom de quoi il engage le spectateur à se déplacer, à marcher sur l'œuvre (le dallage y pousse) ou autour d'elle, ou le long d'elle ; le spectateur désormais acteur accédera alors à la tridimensionnalité dont il était privé ; il entre désormais dans un espace réel, sensible et concret. Et, à nouveau, grâce à ce moyen (le mouvoir qui élargit tout d'un coup le voir), nous vérifions notre règle d'or – l'exténuation ou la minceur des moyens nous valent toujours des effets imprévus – non seulement la radicalité matérielle, le synopsis mais l'entrée dans le basique, et alors que la vue seule nous privait de la plénitude du volumique.

Il n'est pas possible de ne pas en appeler, même brièvement, à l'École italienne de l'*Arte Povera* – les Primi, Kounellis, Merz, Penone – alors que le minimalisme préalablement envisagé est né en Amérique car, lui aussi, l'*Arte Povera* apporte de l'eau à notre moulin de la réhabilitation de l'ultra-mince et de l'abandonné.

En effet, les artistes de cette École investissent ce qui a été délaissé – le papier déchu, le linge sale, l'empâtement goudronneux, ou alors – stratégie différente mais complémentaire, ils se tournent vers le prétendument naturel (la terre, le verre, le végétal). C'est ainsi que la toile sera plissée, froissée, déchiquetée – elle qui, hier, servait à l'exposition du pictorial ou des scènes les plus magnifiées. Elle n'aurait été qu'un écran qui nous emprisonnait et nous fermait l'horizon. Plus tard, on ne manquera pas, en conséquence, de la lacérer.

L'*Arte Povera* s'est engagé dans deux batailles : une esthétique, d'abord, la guerre livrée à la forme qui disparaît en tant que telle, au profit du fond de la chose ; quant à l'autre bataille, elle tend à condamner une société livrée à la production et à la consommation, c'est bien pourquoi on louera le rebut ; on s'éloignera d'une société livrée à la fièvre de la destruction, du gaspillage et du rejet.

L'Igloo de Merz (1968) concrétise ce mouvement protestataire : cette coupole ne demande que quelques pierres, de la terre, des rameaux en vue d'un habitat rustique ; ces constituants n'appartiennent plus à notre technologie ; ils participent à l'indispensable « déculturation ».

L'art de la pauvreté, le culte du démodé et du démoli nous confirme dans l'idée, sans cesse reprise dans ce texte, selon laquelle c'est le moindre (une autre forme du minime, non plus un linéaire ou un volumique mais celui d'un hors d'usage et d'un abandonné) qui contient en lui ce que nous ne savons plus reconnaître. La richesse ne se trouve pas où nous pensions la voir, puisque c'est le petit, le résiduel, l'empoussiéré qui compte le plus, à l'encontre d'une culture qui fuit la boue ou la lie. Déjà, les écrivains, Francis Ponge, en tête, nous ont permis de sortir de cette impasse.

Nous osons reprocher aux minimalistes, ainsi qu'aux tenants de l'*Arte Povera*, un certain ton didactique tant dans leurs écrits que dans leurs Œuvres. Ils quittaient leur prison pour entrer dans une autre – il est vrai moins close et plus vivable. Ils ont trop donné dans la reproduction ou la répétition du même.

Jean Dubuffet – selon notre commentaire – définit une autre École à lui tout seul car nous ne l'identifions pas au simple art brut. Le plus évolutif (ce qui éloigne du même coup le ton dogmatique ou même sectaire) le plus radieux aussi devait nous aider le mieux à entrer dans la compréhension du vrai renversement de l'art contemporain ; en même temps, il répondait de façon étonnante aux questions que nous nous posions.

Conclusion

Dès le début, nous avons soulevé une question qui touche à l'ontologie, telle que nous la concevons ; elle concerne les êtres réels ; mais à quoi reconnaître ceux-ci et surtout est-ce que les plus diminués (poussière, empreinte, trace, cendre) peuvent se prévaloir de ce statut avantageux ? Il est clair que nous ne retenons rien du vocabulaire heideggerien qui oppose l'ontologie – la science de l'Être – aux « étants » dont il ne se préoccupe pas, tant ces êtres singuliers se caractérisent justement par « l'oubli de l'Être ».

Nous avons demandé le respect de trois critères pour nous assurer de l'être : une particularité individualisante, une certaine affirmation de ce qui équivaut à un affichage, enfin, si possible, la reproductibilité au sens large. Ces trois exigences se réduisent d'ailleurs à une seule : la puissance d'un être qui se signale par sa constance ou sa robustesse, sa persévérance dans son être, enfin son rayonnement, sa pérennisation.

À plusieurs reprises, nous nous sommes demandé s'il s'agissait là d'une interrogation académique, donc de peu de poids ; mais nous croyons qu'à répondre à cette question (le « à quoi bon ? ») nous aidons les jeunes esprits à éviter les fausses et dangereuses dichotomies (d'un côté, le complet et le valeureux, de l'autre, les scories et la lie). Cette dualité en entraîne d'ailleurs d'autres. Mais si nous parvenons à valoriser vraiment ce qui est généralement refusé et rejeté, nous permettrons à ceux qui nous suivront de s'attacher à l'ensemble de notre monde – l'une des tâches de la philosophie. La physique a déjà démontré l'organisation de l'Univers et le jeu de ses lois qui assure son intelligibilité. À un moindre degré, la simple prise en compte du sensible et du visible (à peine perceptible) devrait nous apprendre sa richesse ; et nous pensons pouvoir discerner peu à peu, dans certains territoires, occupés par le résiduel, un essentiel qui s'y love. En outre, nous nous sommes appuyé sur quelques disciplines interprétatives (une herméneutique matérielle, la tracéologie et ses succédanés) qui nous ont permis d'élargir notre information ; il s'agira de techniques peu structurées mais que l'anthropologue ne saurait méconnaître.

Au terme de notre enquête, nous finissons par une conclusion d'ensemble échelonnée : en effet, après l'examen de la poussière, du reflet (ou de l'ombre), de la trace et de la cendre, tous soumis à nos exigences définitionnelles, seule la cendre n'a pas pu trouver une quelconque place sur notre échelle ontologique. Grâce à un faible feu (qui ne détruit pas tout, une dent nous suffira s'il s'agit d'un meurtre), la braise peut perdurer et aussi conserver les restes de ce qui aura été brûlé modérément, alors que la violence incinératrice ne laisse rien subsister ; n'espérons pas un feu résurrectionniste !

Les autres unités de notre panoplie du « peu » ont échappé à la suppression ainsi qu'à l'évaluation diminutive, encore que nous graduons ces divers reliquats. Nous avons cru devoir situer au sommet la trace. Mieux – conclusion renversante – l'ombre, le reflet et bien entendu la trace enferment en eux plus de données ou de prédicats que l'objet ou le réel qu'ils semblaient seulement démarquer. En règle générale, l'image ou le mot désignatif emportent avec eux « la chose sans la chose », c'est pourquoi ils mériteraient d'être nommés des « méta-choses ».

Et, en effet, j'emporte avec moi le duplicata, l'image prise selon toutes les perspectives ; nous allons aussi la multiplier sans peine. Nous avons déjà signalé que, avec elle, nous pourrions éviter à l'homme mort et surtout à sa famille les difficultés de l'exhumation. L'individu devenu cadavre perd peu à peu ce qui le constituait, mais le dessin ou l'équivalent graphique de son identité le préserve de cette altération définitive. Aussi la médecine judiciaire pourra continuer à le questionner, matériellement parlant.

Au bout du compte, nous pensons avoir empêché la malédiction qui frappe le « peu » ; nous devrions en récolter des bénéfices, tel celui d'éviter des réactions injustifiées de rejet, mais surtout d'écarter la perspective puritaine qui livre la guerre aux reliquats et aux scories, ne privilégiant que le lisse et le complet. Il en résultera encore des conséquences plus larges, celle d'élargir la notion d'être que nous ne réservons plus au seul territoire de l'idéel, d'autant plus qu'au fond de notre analyse nous atteignons l'assertion : « Il n'y a pas d'arrière-monde. »

Nos développements perdent tout leur sens si nous continuons à les interpréter, à travers ce qu'enseigne la métaphysique classique, selon laquelle l'Être se situe au-delà de toute détermination. Il faudrait concevoir cet Être non soumis à un commencement, donc éternel ; nous devrions encore le comprendre indivisible et toujours identique à lui-même ; d'ailleurs Leibniz affirmera que « seul ce qui n'est pas un ["un être"] n'est pas un être ». Nous n'adhérons pas à cette dernière formule, tant elle disqualifie le parcellaire ; s'il est bien le fruit d'une décomposition, chacun des morceaux peut prétendre à l'unité ; l'unité première fédérait simplement des unités secondes. Cessons d'opposer le corps entier à ses fragments, sous le vain prétexte d'une division, puisque chaque particule continue à rappeler ce dont elle est issue et qu'elle peut reconstituer ; nous l'avons montré, un pas sur le sol ou une dent suffisent souvent à désigner le malfaiteur.

L'Être platonicien, soustrait au temps ou à la moindre modification, relève d'un Ciel des Idées mais il lui faut en exclure l'ordinaire, le trivial ou le dégradé. Dans le *Parménide*, Platon s'interrogeait : « Est-ce que le poil, la saleté et toute chose insignifiante et sans valeur méritent d'être inclus dans l'ontologie ? » La réponse va de soi, mais notre Univers s'en trouve alors coupé en deux, d'un côté, le pur et l'intelligible, de l'autre côté, un apparaître trompeur qui ne doit son sens et même son existence qu'à ce qu'il reflète. L'Aristotélisme ne trouvera pas grâce parce que, dans cette philosophie, la matière ne sert qu'à porter le thème, elle n'est vue que comme un moyen ou un socle qui aspire à recevoir une détermination.

Un tel point de départ pèsera sur la suite ; il en résultera une « déchosification » puisque n'importe quelle chose s'irréalise, ne pouvant se prévaloir de la moindre solidité et consistance. Ainsi Platon voyait dans la construction d'un meuble par le menuisier (un lit) la copie de ce qui siège dans le système de l'idéel (une construction rigoureuse). Ultérieurement, Descartes n'échappera pas à ce courant de dépréciation du sensible, puisqu'il déconsidère le morceau de cire appelé à servir mais qui, à la moindre chaleur, perd peu à peu ses qualités. Et une telle fluence l'exclut d'une ontologie même minimale. Et Bergson, plus tard, se bornera au morceau de sucre qui ne manque pas de fondre dans l'eau et de disparaître, puisque le temps, dans sa course, emporte tout.

Mais nous ne partageons pas les conclusions tirées des situations et des corps retenus par la philosophie traditionnelle (le lit, la cire, le morceau de sucre). Et si, en effet, la cire se ramollit, c'est qu'elle peut changer de statut et aussi revenir à celui qu'elle avait quitté. Nous ne pouvons que louer pareille mobilité pour cette substance qui se modifie au gré des situations et qui n'est pas murée dans l'immutabilité. Quant au morceau de sucre qui a été dissous – que l'eau s'évapore – nous pourrons récupérer, intact, ce qui semblait avoir disparu.

Nous ne saurions admettre cette guerre livrée au sensible ; pour la même raison, nous n'avons pas cessé de sauver de l'abaissement le « peu » sous toutes ses formes – l'ombre de la chose, la trace, une poussière résiduelle ; nous n'avons exclu que la cendre lorsque la violence de la flamme lui a retiré ce qui la singularisait. Et nous avantageons le « presque rien » pour de nombreuses raisons et déjà celle-ci : avec eux, nous pouvons reconstituer le tout qu'ils maintiennent virtuellement en eux – un tout qui continue à les habiter ; aussi nous ne verrons pas en ces reliquats de simples morceaux.

Nous croyons trouver dans la philosophie de Spinoza de quoi consolider quelques-unes de nos remarques. Toutefois, nous demandons au préalable à pratiquer, un instant seulement, une coupure à l'intérieur de ce vaste système ; nous lui enlevons quelques passages qui touchent à la religion et qui brouilleraient nos conclusions.

Dans le *Traité Théologico-Politique*, Spinoza écrit : « Si Moïse parlait face à face avec Dieu, à la manière d'un homme avec son semblable, c'est-à-dire par l'interposition de leurs corps, le Christ, lui, a communiqué avec Dieu d'esprit à esprit. En conclusion, nous déclarerons qu'à l'exception du Christ, personne n'a jamais reçu de révélation de Dieu[1]. » Ne commentons pas.

1. Spinoza, *Œuvres complètes*, Gallimard, La Pléiade, 1954, p. 625.

Dans les *Pensées Métaphysiques*, on peut encore lire : « L'Écriture ne peut pas enseigner des bêtises, comme celles qu'imagine le vulgaire... Loin de nous la pensée qu'il se puisse trouver dans les Livres saints quelque chose qui soit contradictoire avec la Lumière de la Nature[1]. »

En revanche, nous nous accordons pleinement avec la formule spinoziste du « *Deus sive Natura* », même si nous l'utilisons de façon discutable ; tout se trouve en Dieu – l'affectif comme le physique – puisqu'il entre dans la chaîne des antécédents et des nécessaires conséquents (l'ordre et la connexion des idées équivalentes à l'ordre et à la connexion des choses, selon la Proposition VII de la deuxième partie de l'*Éthique*).

En quoi le Spinozisme – même déformé et écorné – pourrait-il fortifier notre conception du « moins », du microscopique et de l'abandonné ? Mais c'est que les êtres, bien qu'incomplets ou abaissés, d'une part relèvent d'un déterminisme universel d'où rien n'est exclu ; en outre, il n'est rien dans le monde qui ne s'affirme. Et si le diminué ou le « corpusculaire » ne se réfère plus à une transcendance qui le consoliderait (le platonisme), il prend sa revanche grâce à son insertion dans ce qui conjugue le rationnel et le singulier – un enchaînement rigoureux et intelligible qui va jusqu'à la divinisation par le biais du Cosmos. Tout ce qui existe exprime la puissance effective de Dieu, la cause suprême.

Seule la cendre – bien que Spinoza ne le signale pas et ne s'attarde pas sur cette micro-situation suppressive – une cendre qui résulte de l'anéantissement d'elle-même, a quitté cette appartenance au grand Tout de la Nature. Elle a effacé en elle tout reste d'individuation.

Spinoza parvient, au passage, à écarter une question qu'on croit inévitable sinon insoluble – celle de la création du monde, le passage du néant à l'Être et comme s'il avait existé un temps

1. Spinoza, *Œuvres complètes*, *op. cit.*, p. 283.

pendant lequel notre univers et ce qu'il contient n'avaient pas encore surgi, mais, pour Spinoza « le temps et la durée ont commencé avec les choses. Car le temps est la mesure de la durée ou plutôt il n'est rien qu'un mode de penser… La durée commence où les choses créées commencent d'être, je dis les choses créées, car nulle durée n'appartient à Dieu, mais seulement l'éternité »[1].

Sans entrer dans la forêt du Spinozisme, relevons toutefois, dans l'*Éthique*, de quoi privilégier aussi bien la trace que l'empreinte, ce qui surprend dans cette métaphysique ou cette cosmologie aussi nécessitariste ; le postulat V (qui précède la Proposition XIV) affirme que « quand une partie fluide du corps humain est déterminée par un corps extérieur à heurter une partie molle, elle en change la surface et lui imprime, pour ainsi dire, certaines traces du corps extérieur qui la pousse. »[2] Ou encore, selon le Corollaire de la Proposition XVII du Livre II : « Si le corps humain a été une fois affecté par des corps extérieurs, l'esprit pourra les considérer comme présents, même s'ils n'existent pas et ne sont pas présents. »

Nous croyons discerner ici un réel mélange de présence et d'absence ; plus exactement, l'un de ces états corrige l'autre. L'*Éthique* nous introduit surtout à une physique qui comporte de la fluidité et de la mollesse, grâce auxquelles le solide peut s'inscrire en elles et être réactivé, puisque les marques subsistent (la tracéologie). Le corps humain y gagne en possibilités, il s'enrichit, il n'est plus défini par l'impassibilité, la fermeture et l'homogénéité.

Nous allons dorénavant quitter notre chemin, (révéler toute la richesse du quasi-imperceptible, le relever de son insignifiance)

1. Spinoza, *Pensées métaphysiques*, *op. cit.*, p. 287.
2. Spinoza, *Éthique*, *op. cit.*, p. 374.

afin de mettre en garde contre ce que nous tenons pour être un glissement. Il consiste à se saisir de nos conclusions pour les intensifier à l'excès et fêter la dématérialisation (la blancheur, l'absence, la transparence, le vide). Il faudrait descendre la pente et en arriver aux « immatériaux ».

Déjà le monochrome d'Yves Klein – précédemment évoqué – irait dans cette direction ; il est vrai que nous l'avons interprété autrement. Alors que la couleur n'avait pas pu s'affranchir de ce qu'elle ornait, a été brisé ce lien fonctionnel et limitatif. Y a été ajoutée une autre innovation, la consécration d'un principe physique élémentaire, celui d'un étalement égal et complet, un réel déploiement, malgré une résistance latente à cette extension.

L'intention qui anime le programme du post-modernisme est particulièrement louable : il est souhaité que les Œuvres de l'art ne recommencent pas le révolu mais participent, à leur façon, à l'actuelle révolution ; nous venons, en effet, de passer tout d'un coup, du hardware au software : après la culture vouée aux énergies, aux forces, aux machines et même aux volumes, nous sommes entrés dans l'univers des signes, des messages et des communications. Des disciplines en sont d'ailleurs nées : l'électronique, l'informatique, la cybernétique, la biogénétique. Et toutes nous éloignent d'un monde immobilisé et lié à un certain substantialisme. L'art ne doit-il pas répercuter ce branle-bas ?

Il ne saurait continuer à entretenir le passé.

Voici trois échantillons de ce bouleversement qui nous enlève nos plus anciens repères :

a) L'isolement, puis le transfert d'un gène sur un autre organisme modifie de fond en comble le vivant receveur, caractérisé, hier encore, par son immuabilité et son intégration compositionnelle. (Ne nous étonnons plus si un artiste nous offre à voir un « lapin coloré » !)

b) L'image (matrice de nombres) vient de perdre une part de son inertie représentative : elle s'est numérisée, elle perd son unité puisqu'il est devenu possible de la soumettre à toutes les variations envisageables.

c) Dans les échanges, il a fallu renoncer à un étalon métallique (l'or, qui ralentit les circulations) : le papier a pris la relève et lui-même est déjà menacé par du plus immatériel, une simple signature suffira.

Tout est remplacé par des ondes, des flux, des rayons : la matière elle-même connaît des mouvements moléculaires incessants, ce qui chasse son côté éternitaire ou du moins permanent. Il est alors demandé aux « installations » novatrices de ne pas tourner le dos à ce mouvement de déréalisation.

Pourquoi cependant une réticence ? Est-ce que le post-moderniste ne serait pas allé trop loin, à ce point qu'il recommence un certain platonisme ? Nous ne rejoignons pas l'Idée mais un univers décontextualisé ; nous quittons notre environnement pour de nouveaux invisibles.

L'artiste et même le spectateur ne touchent plus (le tact), ne sont plus appelés à voir, car la relation au monde qu'on entend favoriser suppose désormais des intermédiaires – un ensemble de chiffres, d'écrans, de claviers. La séparation entre la néo-technologie et la corporéité (indispensable et sensoriellement participative) revient à susciter un art exsangue, sinon même trop intellectualisé (cérébralisé). Nous ne pouvons pas nous dispenser d'un minimum propice à une certaine volupté, celle d'un fourmillement et d'un somptueux que nous découvrons dans le granulaire et le rebut. Léonard de Vinci avait déjà, dans son *Traité de la peinture*, reconnu la nécessité de cette présence : « Ce n'est pas à mépriser si tu t'es arrêté à contempler aux taches du mur, dans la cendre du foyer, dans les nuages et les ruisseaux… Tu y découvriras des inventions très admirables, dont le génie du peintre peut tirer parti… » Bref, nous craignons des excès

1. Daniel Parrochia, *Ontologie fantôme*, Encre marine, La Versanne, 1996.

dans l'exténuation du support et un mouvement trop prononcé en faveur de l'immatérialisation.

Dans un ouvrage particulièrement lumineux, Daniel Parrochia devait croiser ce problème[1]. Un romancier, P. Modiano aurait pressenti les possibilités romanesques de la déréalisation ; l'auteur n'exclut pas que P. Modiano emprunte – indirectement, virtuellement, et même fantomalement – à la physique de Mach « qui a extirpé la matière morte de sa représentation du monde pour la remplacer par un jeu vivant de formes »[1]. Et encore ces formes seront bientôt et avantageusement remplacées par des forces.

Toutefois, dans ce texte, nous retirons des passages qui accordent aussi de l'importance aux ombres et aux empreintes : ainsi, « un être laisse toujours une trace dans la mémoire d'un autre, qui lui-même laisse une trace dans la mémoire d'un troisième, etc. »[2] – ou, dans la même atmosphère : « Les Champs-Élysées… sont comme l'étang qu'évoque une romancière anglaise et au fond duquel se déposent, par couches successives, les échos des voix de tous les promeneurs qui vont rêver sur ses bords. L'eau moirée conserve pour toujours ces échos…[3] »

Nous en revenons à un art qui valorise les ombres et les esquisses, non moins sans doute y ajouterait-il les restes ou le démoli – un art qui nous a aidé à ontologiser ce qui n'est pas toujours reçu et admis (le puritanisme le chasse), alors qu'il nous permet d'entr'apercevoir dans notre monde, défensif et inerte, un autre monde que notre texte a essayé de reconnaître et d'explorer.

1. Daniel Parrochia, *Ontologie fantôme*, *op. cit.*, p. 88.
2. *Ibid.*, p. 26.
3. *Ibid.*, p. 30.

Annexe

Nous croyons devoir ajouter un article que nous avons écrit en 1998, pour le FRAC (Le Fond Régional d'Art Contemporain de Bourgogne) qui avait retenu comme thème « la Poussière », tant il devance les pages précédentes.

Pourquoi un art de la poussière ?

LA POUSSIÈRE – le mot vient du latin, *pulvus*, lui-même dérivé du classique, *pulvus*, qui allait donner la poudre – désigne une anti-valeur. En conséquence, la conscience collective déclare la guerre à ces myriades de micro-particules qui voltigent dans l'air et voilent la lumière.

Cette poussière concrétise la destruction, la mort même. Rien ne résiste à l'émiettement, à une dislocation des blocs ou des êtres ; les morceaux et les grains, à leur tour, subiront la diminution. Notre corps lui-même participe au drame de cette pulvérisation : nous ne cessons de « desquamer ». Nos cellules émettent « des simulacres » qui s'envolent dans les airs, ainsi remplis de « détritus ». Lucrèce l'a reconnu : « Observe, en effet, toutes les fois qu'un rayon de soleil se glisse et répand son faisceau de lumière dans l'obscurité de nos demeures : tu verras une multitude de menus corps se mêler de mille manières, parmi le vide... et, comme engagés dans une lutte éternelle, se livrer combats, batailles, guerroyer par escadrons sans prendre trêve, agités par des rencontres et des divorces sans nombre[1]. »

La Bible nous l'a d'ailleurs promis : nous ne manquerons pas de retourner en poussière ; une sorte de seconde mort nous attend. Bossuet, Dijonnais célèbre, y insiste dans ses *Oraisons* : « Tes os, dans le cercueil, vont tomber en poussière. »

Comment pourrait-on fêter cet excrémentiel généralisé, ce résiduel, toutes ces particules qui rejoignent celles que l'industrie répand – fumées, cendres, suie – à tel point que nous perdons notre ciel (on parle même « des boues atmosphériques ») ? Francis Ponge nous a décrit les débris – bien qu'odoriférants – qui noircissent l'azur : « Il y avait comme une dissémination de cendres dans l'azur et je ne suis pas sûr que l'odeur n'en fût pas comparable à celle de la poudre. L'on éprouvait comme une congestion de l'azur… C'était comme si le jour était voilé par l'excès même de son éclat. Ce jour vaut nuit, pensais-je, ce jour bleu de cendres-là[2]. »

Nous déclarons tous la guerre à cette poussière qui ne manque pas de se répandre et de tomber – du fait d'une lente et inévitable sédimentation – sur tous les plans où elle s'accumule. Elle signifie l'abandon ; elle nous cache la netteté, la luisance de ce qui nous entoure. Elle assombrit notre environnement. Pis encore, sait-on assez que ces grains de la mort entrent insidieusement en nous ? En raison de leur extrême ténuité, nos bronches ne sauraient les arrêter. Ils parviennent à s'incruster dans le tissu pulmonaire, qui en perd son élasticité (incurable silicose). Ceux qui travaillent dans un atelier où l'on polit et meule mourront de leurs funestes inhalations.

Ce qui achève de déconsidérer ces menues particules qui, à la limite, forment un imperceptible brouillard, c'est que, non seulement elles réunissent des reliquats venus de partout (des inertes,

1. *De la nature*, livre II, vers 114-121, trad. A. Ernout.
2. *La Rage de l'expression*, 1952.

des vivants et même de l'interstellaire) mais surtout que, représentant l'usure du monde, elles ne cessent pas de se renouveler. Nous ne parvenons pas à nous en débarrasser ; on ne sait que les déplacer.

L'art qui s'attache à la poussière ne s'engage-t-il pas dans une impasse ? Mais le visiteur de l'exposition qui lui est consacrée ne se doute pas de ce qui l'attend : il trouve ici une occasion sans égale d'affiner et de renouveler sa compréhension de l'art. En effet, nous sommes obligés à une complète révision de nos jugements et de nos valeurs. Le plasticien moderne n'hésite pas, ou bien à viser et construire du colossal, de l'immense – ou bien, à explorer le minuscule, le presque invisible. Nous ne sommes que trop conditionnés par un dimensionnel qui nous correspond – mais pourquoi voir le Monde avec nos propres limites ? Pourquoi ne pas sortir de notre prison (spatiale) ? La poussière nous offre aussi la possibilité d'une expérience métaphysique – celle de nous rendre à une frontière émouvante et pathétique, lorsque le visible s'autodiminue et avant qu'il n'aille rejoindre ce qui outrepasse notre vue. Avec la poussière, nous entrons dans un subtil territoire, l'effacement *incipiens*.

Nous sommes persuadés que l'art célèbre le Monde et en révèle les richesses. En la circonstance, il nous oblige à renoncer à nos bandelettes (aliénantes, restrictives), afin de nous ouvrir à un moment privilégié : le temps, qui désagrège tout, ronge les espaces les plus durs ; il nous en livre les décombres. Mais alors, il « épiphanise » la guerre, les ruines. Là encore, nous raisonnons trop à partir de nos habitudes ; nous sommes attachés à la forme, à la configuration et, à travers elles, à l'éventuel usage. Nous sommes prisonniers de l'ustensilité. Justement, la poussière nous met en présence d'une sorte de poudroiement qui a perdu tout usage possible, qui ne permettra aucune réintégration, aucun recyclage. Il nous faut quitter enfin l'Univers des emplois ou des réutilisations.

Bien qu'elle se donne dans son extrême et fantastique diminution, nous rencontrons la matérialité en elle-même (hier confisquée : elle ne servait que de support-substrat : elle ne comptait qu'en raison de sa solidité ou de sa brillance, avec l'or, le marbre ou même l'ivoire). Désormais, elle n'est là que pour elle-même. Et si elle ne renvoie plus à une « forme », elle n'est pas pour autant dépourvue de qualités (microscopiques). Ne l'imaginons pas amorphe, homogène, toujours semblable à elle ; que de grains en relation différente les uns avec les autres ! Les uns arrondis semblent moins rugueux que d'autres, encore hérissés de quelques pointes ou seulement anguleux. Les uns ont été polis doucement par l'eau, quand d'autres ont été concassés par le vent ! Les uns sont allongés, d'autres limoneux ! La pure matière, dans ses ultimes parcelles, nous montre son hétérogénéité, son pullulement, les stigmates des drames qu'elle a traversés.

Un philosophe d'importance – qui a d'ailleurs enseigné à Dijon – s'en est avisé : il devait écrire une éblouissante « métaphysique de la poussière » (selon ses propres termes). Il reconnaît d'abord l'importance heuristique de cette poussière – une présence si décisive qu'elle favorisera l'imagination et entraînera à des hypothèses assez fabuleuses. Descartes aurait cédé à son prestige, de là ses constructions physico-philosophiques. « Il faut avoir vu la poussière du chemin, au creux d'un ravin, prise et soulevée par un souffle favorable, pour comprendre ce qu'il y a à la fois d'architectural et de libre, de facile et de délicat, dans les volutes d'un tourbillon… Les remous de la rivière, plus communément observés, présentent une figure bien plus grossière que le tourbillon dessiné par la poussière ; l'eau ne donne que le dessin en creux, la poussière le donne en relief[1]. » Bachelard reconnaît surtout le statut poético-artistique de la poussière, dans la mesure où elle mêle deux des quatre éléments premiers (l'eau, la terre, l'air,

1. G. Bachelard, *Les Intuitions atomistiques*, Paris, Boivin, 1933, chapitre I, « La métaphysique de la poussière », p. 18.

le feu) : ce mélange – en l'occurrence celui de l'air et de la terre – correspond à un mariage. Corrélativement, on combine le feu et l'eau (d'où un alcool qui flambe) ou encore la terre et l'eau (le limon, dont il est dit qu'il est la poussière de l'eau, comme la cendre est la poussière du feu). Ces situations mésomorphes (la mixité) tonifient : nous sommes trop dominés par les états arrêtés et monovalents.

« Nous devons d'abord noter, poursuit Bachelard, l'attention amusée de l'enfant devant un sablier. Contemplons avec lui ce complexe d'exceptions ! La poudre est solide, mais elle coule ; elle tombe sans bruit… Les poudres, les talcs, les farines, les cendres retiennent de même l'attention des alchimistes et des chimistes à toutes les époques du développement de la pensée préscientifique. Il semble qu'un corps broyé, en perdant une partie de son individualité, acquiert du même coup on ne sait quel caractère mystérieux[1]. »

En somme, le solide a renoncé à ses principaux caractères immédiats : il a perdu, avec sa poussière, sa compacité comme sa voluminosité. Il rejoint la quasi-liquidité ; il est aussi, pour ainsi dire, vaporisé. Expérience naïve ou trop simple, objectera-t-on, en vue de la diminuer ? Mais l'art consiste à rejoindre ces moments ou ces opérations baroques, lorsque se réalise une métamorphose.

De plus, nous croyons que l'artiste (poète ou plasticien), qui n'est pas un rêveur, plutôt un démiurge, nous découvre le monde, plus exactement ses couches secrètes, ses recoins multiples et inexplorés. La poussière en résulte, puisqu'elle substitue à la solidité la légèreté, le pullulement et l'impalpable. Si nous pouvons la voir, nous ne saurions nous en emparer. Que d'étrangetés !

Une artiste, parmi plusieurs, s'est chargé d'exhausser la poussière et de la placer au cœur de sa création. Jean Dubuffet n'a cessé

1. G. Bachelard, *Les Intuitions atomistiques*, *op. cit.*, p. 27.

de l'exalter. À cet effet, il se réfugia en plein Sahara (il vécut à El-Goléa, une oasis d'Algérie) : « J'aime à proclamer que mon art est une entreprise de réhabilitation des valeurs décriées. C'est aussi que de ces éléments qui, d'être si répandus, sont habituellement par cela même soustraits aux regards, je suis plus curieux que de tous autres. Les voix de la poussière, l'âme de la poussière, elles m'intéressent bien des fois plus que la fleur, l'arbre ou le cheval car je les pressens plus étranges : la poussière est un être si différent de nous[1]. »

Certaines des toiles de Dubuffet nous livrent le sable (ce n'est pas encore la poussière, toutefois, le sable relève de la même essence granuliforme ; il appartient à la séquence qui, nous éloignant de la pierre ou du galet, nous conduit au gravillon, puis au sable, parfois au limon qui, une fois sec, s'émiette à son tour et s'achève en une pullulation de points qui voltigent) mais un sable qu'on pressent en mouvement. Un rien le soulève. La dune grisâtre – sorte de nappe – commence à frissonner, à moutonner.

Nous assistons à un spectacle qui croise les opposés, ce qui l'intensifie et le dramatise : à la fois la permanence et une mobilité inchoative, le tout mais aussi le rien, l'immensité et le vide, la présence (d'ailleurs nul n'enregistre aussi bien que le sable qui enferme en lui empreintes et traces) et l'absence.

Nous y insistons à nouveau : l'effacement de la forme nous donne accès au matériau basique, aussi débordant, tumultueux qu'immodéré (aucune limite, aucune finalité ne le retient ou le brime). De plus, réduits à des grains sans lien entre eux, les morceaux constitués ne résistent pas aux moindres souffles, ce qui nous vaut une matérialité imprévisible, aérienne, celle qui accepte toutes les dispositions et qui n'en conserve aucune.

Dans l'œuvre de Jean Dubuffet (*Texturologies*, *Empreintes*, *Routes et chaussées*, *Sols et terrains*, etc.), nous découvrons enfin un

1. J. Dubuffet, *L'Homme du commun à l'ouvrage*, Paris, Gallimard, 1973, p. 230.

autre monde : du fait de cette poussière omniprésente et tourbillonnante, il recouvre celui dans lequel nous vivons. Il le voile ; bien qu'il le ternisse ou du moins l'assombrisse (ce n'est cependant qu'une pénombre), il l'anamorphose, sans oublier non plus que le silence l'enveloppe aussi.

Le visiteur de cette exposition a pu croire à une provocation, à un jeu gratuit, à une dérision ou un défi. Mais il se trompait. Il est d'autant plus excusable que notre culture puritaine combat le sale et le négligé (la poussière est le pire ennemi). L'art tente d'échapper aux préjugés et aux phobies. Il nous a ouvert un autre chemin : non seulement il nous sauve de l'univers trop cloisonné qui nous domine, mais il nous a permis de descendre dans les profondeurs d'un autre monde, là où les contraires parviennent à se réconcilier (l'uniformité et les différences, mais aussi la mort et la vie – car il est des poussières fécondantes, l'extrême petitesse de leurs constituants favorisant leur intussusception). Pour la première fois, sans doute, nous entrons dans les puissances cachées de la matérialité et échappons aux mensonges de la représentation canonique.

Les fonds régionaux d'art contemporain de Bourgogne et de Bretagne n'ont pas été simplement audacieux : ils ont été particulièrement clairvoyants – prophétiques même.

Du même auteur

Sciences de la Vie et de la Culture, Hachette 1953.
Philosophie biologique, PUF, 1954.
La Raison et les Remèdes, collection « Galien », PUF, 1964.
Gaston Bachelard, sa vie, son œuvre, PUF, 1965.
Méthodes et Doctrines dans l'Europe de Pasteur, collection « Galien », PUF, 1967.
Tableaux et Langages de la chimie, Le Seuil, 1969.
Le Catalogue de la Vie, collection Galien, PUF, 1970.
Des Révolutions vertes. Histoires et Principes de l'Agronomie, collection « Savoir », Hermann, 1973.
Écriture et Iconographie, Vrin, 1973.
Pour une Théorie générale des Formes, Vrin, 1975.
Une Épistémologie de l'Espace concret, Vrin, 1977.
Mémoire pour l'Avenir, Vrin, 1979.
Faces, Surfaces, Interfaces, Vrin, 1982.
Le Musée sans fin, Champ Vallon, 1984.
Le Nombre et le Lieu, Vrin, 1984.
Philosophie de l'Image, Vrin, 1984.
Rematérialiser, Matières et Matérialisme, Vrin, 1985.
Étienne-Jules Marey, Hazan, 1987.
L'Animal selon Condillac (Traité des animaux), Vrin, 1987.
Le Vivant, Bordas, 1988.
La Maîtrise du Vivant, Hachette, 1988.
Éloge de l'Objet. Pour une philosophie de la marchandise, Vrin, 1989.
Corps réfléchis, Odile Jacob, 1990.
Nature, Vrin, 1990.
Le Cerveau citadelle, Les Empêcheurs de penser en rond, 1992.
Corps multiple et un, Les Empêcheurs de penser en rond, 1992.
Philosophie de la Propriété, l'Avoir, PUF, 1992.
Pour l'art d'aujourd'hui. De l'objet de l'art à l'art de l'objet, Éd. Dis voir, 1992.
La Peau découverte, Les Empêcheurs de penser en rond, 1993.
Réflexions sur la mesure, Encre marine, 1993.

Le Trouble, Les Empêcheurs de penser en rond, 1994.
Michel Paysant, Logique et Poétique, Éd. Voix Richard Meier, 1994.
Le Dr Itard entre l'énigme et l'échec (Itard, Victor de l'Aveyron), Allia, 1994.
L'Invention de notre monde, Encre marine, 1995.
Cheminement, Paroles d'Aube, 1996.
Pour une philosophie de la maladie, Textuel, 1996.
« Les dieux sont dans la cuisine », Les Empêcheurs de penser en rond, 1996.
L'Essor technologique et l'idée de progrès, Armand Colin, 1997.
Trois philosophies revisitées : Saint-Simon, Proudhon, Fourier, Olms, 1997.
Georges Canguilhem, Philosophe de la vie, Les Empêcheurs de penser en rond, 1997.
Des détritus, des déchets, de l'abject, Les Empêcheurs de penser en rond, 1997.
Savoir et pouvoir en médecine, Les Empêcheurs de penser en rond, 1998.
Une nouvelle morale, Les Empêcheurs de penser en rond, 1998.
Les Outils de la réflexion, Les Empêcheurs de penser en rond, 1999.
La Mort vue autrement (en collaboration avec Tobie Nathan), Les Empêcheurs de penser en rond, 1999.
Comment se sauver de la servitude (Justice, École, Religion), Les Empêcheurs de penser en rond, 2000.
Philosophie d'un retournement, Encre marine, 2001.
Cent mots pour commencer à *philosopher*, Les Empêcheurs de penser en rond, 2001.
Questions interdites, Les Empêcheurs de penser en rond, 2002.
Les Grands philosophes et leur Philosophie, Les Empêcheurs de penser en rond, 2002.
L'Échange, Bréal, 2002.
Changement de perspective, La Table ronde, 2002.
Cent mots pour comprendre l'art contemporain, Les Empêcheurs de penser en rond, 2003.
Philosophie à l'usage des réfractaires, Les Empêcheurs de penser en rond, 2004.
ABCdaire, éd. M-éditer, 2004.
La Subjectivité, Les Empêcheurs de penser en rond, 2004.
Cent mots pour comprendre les médicaments, (en collaboration avec Philippe Pignarre) 2005.
Philosophie du Transfert, Encre marine, 2006.
Les Noms et les mots, Encre marine, 2008.

Achevé d'imprimer en septembre 2009
sur les presses de l'imprimerie Chirat
42540 St-Just-La-Pendue - N° 200908.0144,
pour le compte des Éditions Les Belles Lettres
collection « encre marine »
selon une maquette fournie par leurs soins.
Dépôt légal : septembre 2009
ISBN : 978-2-35088-017-4

catalogue disponible sur :
http : //www.encre-marine.com